南昌航空大学出版基金资助

锥形-有孔柱形组合管桩静压沉桩机制及其承载性状研究

雷金波　郑明新　陈章富　杨岩松　邓定哲　著

人民交通出版社股份有限公司
北　京

内 容 提 要

本书围绕锥形-有孔柱形组合管桩静压沉桩机制和承载性状问题，研究锥形-有孔柱形组合管桩静压沉桩过程中超孔隙水压力时空消散、土体位移等沉桩效应变化规律，揭示锥形-有孔柱形组合管桩静压沉桩机制。在此基础上，研究锥形-有孔柱形组合管桩承载性状，揭示了锥形-有孔柱形组合管桩桩身轴力、桩侧摩阻力、荷载沉降等变化规律，为今后开展锥形-有孔柱形组合管桩复合地基理论研究及其工程应用奠定可靠基础。

本书可供工程技术人员及管理人员使用，亦可以供高等学校土木工程专业师生及相关科研人员参考。

图书在版编目(CIP)数据

锥形-有孔柱形组合管桩静压沉桩机制及其承载性状研究 / 雷金波等著. —北京：人民交通出版社股份有限公司，2023.10

ISBN 978-7-114-18938-8

Ⅰ. ①锥…　Ⅱ. ①雷…　Ⅲ. ①管柱桩-静压桩-承载力-研究　Ⅳ. ①TU753.3

中国国家版本馆 CIP 数据核字(2023)第 153297 号

Zhuixing-Youkong Zhuxing Zuhe Guanzhuang Jingya Chenzhuang Jizhi ji Qi Chengzai Xingzhuang Yanjiu

书　　名：**锥形-有孔柱形组合管桩静压沉桩机制及其承载性状研究**
著 作 者：雷金波　郑明新　陈章富　杨岩松　邓定哲
责任编辑：朱明周　沈型广
责任校对：刘　芹
责任印制：张　凯
出版发行：人民交通出版社股份有限公司
地　　址：(100011)北京市朝阳区安定门外外馆斜街 3 号
网　　址：http://www.ccpcl.com.cn
销售电话：(010)59757973
总 经 销：人民交通出版社股份有限公司发行部
经　　销：各地新华书店
印　　刷：北京建宏印刷有限公司
开　　本：787×1092　1/16
印　　张：9.25
字　　数：200 千
版　　次：2023 年 10 月　第 1 版
印　　次：2023 年 10 月　第 1 次印刷
书　　号：ISBN 978-7-114-18938-8
定　　价：98.00 元

第一作者简介

雷金波，江西丰城人，教授，博士，硕士生导师，南昌航空大学土木建筑学院教师，“桥梁与隧道工程”硕士点责任教授。长期从事深厚软土地基处理、静压沉桩效应机理、基础工程、边坡工程、地基处理、地下结构等方面教学和科研工作。担任江西省岩石力学与工程学会理事、中国力学学会会员、江西省力学学会会员、江西省轨道交通建设项目评标专家、江西省住建厅工程建设评议专家等社会兼职，担任《岩土工程学报》《岩土力学》等期刊审稿人，担任国家自然科学基金项目通讯评审专家和教育部学位论文评审专家。2009—2010 年在中国科学院武汉岩土力学研究所任“西部之光”访问学者，2015—2016 年受国家公派赴美国奥本大学任访问学者。发表论文 60 余篇，EI 检索 15 篇，授权专利 40 余项。主持国家自然科学基金研究 3 项、省部级项目 6 项，参与省部级以上项目 9 项。出版专著 3 部，参编专著 2 部、教材 3 部。研究成果获江西省技术发明二等奖 1 项。指导学生获“挑战杯”全国大学生课外学术作品科技大赛江西赛区二等奖 1 项，全国大学生结构设计大赛三等奖 1 项，江西省大学生结构设计大赛一等奖 1 项、二等奖和三等奖各 1 项。获得江西省优秀硕士学位论文指导教师（2020 年），江西省第七届中青年骨干教师（2011 年），南昌航空大学“教学十佳”（2022 年）和“优秀主讲教师”等荣誉称号。

前　言

我国沿海地区广泛分布着海相沉积土，部分内陆地区蕴藏了丰富的湖相沉积土。随着城市化进程日益推进，在这些地区进行道路工程建设势在必行，难免会遇到软土地基问题。然而，软基处理至今仍是岩土工程界的一个难题。预应力混凝土管桩（PTC 混凝土管桩）是一种刚性桩，在 20 世纪 80 年代初由国外首先应用于铁路连接线工程和公路拓宽工程。从 20 世纪 90 年代末开始，国内也将 PTC 混凝土管桩应用于高速公路、高速铁路等深厚软基处理。工程实践证明，作为复合地基竖向增强体，PTC 混凝土管桩适合于处理深厚的软土地基，已成为深厚软土地基处理中经常选用的一种桩型。

众所周知，在混凝土管桩沉桩过程中，由于桩对土体的挤压作用，使土的结构性发生破坏，桩周饱和软黏土体将产生很高的超孔隙水压力，从而对周围环境产生相当严重的不利影响。正因如此，人们对沉桩效应问题及其影响的关注由来已久，但由于该问题相当复杂，至今仍不十分清楚，由此造成的工程事故时有发生；同时，由于静压沉桩法具有噪声小、成桩质量高、沉桩速度快等诸多优点，在工程建设中已得到了越来越广泛的应用。因此，为避免沉桩造成工程事故，需要进一步开展对静压沉桩效应问题的研究，特别是需要寻求能够有效减轻静压沉桩效应不利影响的新途径。

工程中通常采取设置应力释放孔、合理安排沉桩顺序以及控制沉桩速率等手段来减轻静压沉桩超孔隙水压力的不利影响，但这些措施并没有从桩体自身结构方面进行改进。工程实践表明：通过改变桩身形状或桩身结构，可以有效减轻沉桩效应对周围环境的不利影响。

将 PTC 混凝土管桩应用于高速公路、高速铁路等深厚软基处理工程，主要是用来控制路基沉降变形，但更多的是要控制路基工后沉降量。由土力学理论可知，饱和软黏土沉降变形量的大小主要取决于土中孔隙水排出的多少。因此，要减小路基工后沉降量，实际上就是要在静压沉桩施工过程中让更多的土中孔隙水排出。那么，在静压沉桩过程中，如何才能让更多的超孔隙水排出呢？

在混凝土管桩复合地基实际工程中，由于桩-土相对刚度相差极大，桩体承载力要比软土地基承载力大得多。为让更多的超孔隙水尽快排出，以减轻静压沉桩效应不利影响，并避免桩体分担荷载过于集中，作者提出了有孔柱形管桩技术。它是在柱形管桩壁上开孔，设置一些排水通道，让静压沉桩产生的超孔隙水能够通过桩孔主动进入管桩内腔，从而加速超孔隙水压力时空消散，减小超孔隙水压力最大值，缩短施工工期。若地基含有淤泥质土层，淤泥也可通过桩孔流入管桩内腔；若是管桩内腔集水比较多，则可采取抽水方式将其排除。随着管桩内腔水位降低，土中孔隙水又会进入管桩内腔，进一步降低桩周土的含水率，从而达到增大路基施工期沉降量、减小路基工后沉降量的目的。由于桩身开孔，势必降低桩体自身承载力，但通过模型试验已验证：带帽有孔管桩复合地基承载力要大于带帽无孔管桩复合地基。这说明桩身开孔引起桩体承载力的折减可以通过提高桩周土体分担的荷载来弥补。另外，当把锥形管桩作为复合地基竖向增强体时，能够增大复合地基面积置换率，有助于提高复合地基承载力；同时，由于锥形管桩在施工时就像个楔子被打入土中，桩周土体侧摩阻力可以得到较好发挥。因此，为充分发挥上述两种管桩的各自优势，提出一种新型管桩——锥形-有孔柱形组合管桩，以求达到更佳的软基处理效果。设计时，每根组合管桩最后一节采用不开孔的锥形管桩，其余各节均采用有孔柱形管桩。有孔柱形管桩尺寸与《预应力混凝土管桩技术标准》（JGJ/T 406—2017）的尺寸规定一致，锥形段小端截面尺寸与柱形段截面尺寸保持一致，其大端截面尺寸则由锥角和锥形段长度确定。

本书围绕锥形-有孔柱形组合管桩静压沉桩机制和承载性状问题，研究锥形-有孔柱形组合管桩静压沉桩过程中超孔隙水压力时空消散、土体位移等沉桩效应变化规律，揭示锥形-有孔柱形组合管桩静压沉桩机制；研究锥形-有孔柱形组合管桩承载性状，揭示了锥形-有孔柱形组合管桩桩身轴力、桩侧摩阻力、荷载沉降等变化规律，为今后开展锥形-有孔柱形组合管桩复合地基理论研究及其工程应用奠定可靠基础。

本书汇集了作者近年来在有孔管桩技术、锥形-有孔柱形组合管桩技术等方面取得的一些研究成果和心得体会。在此，感谢国家自然科学基金项目“竖向荷载作用下带帽有孔管桩复合地基工作性状试验研究”（项目编号 51268048）、“深厚软土地基锥形-有孔柱形组合管桩静压沉桩机制及沉桩效应研究”（项目编号 51768047）、“路堤填筑荷载作用下锥形-有孔柱形组合管桩承载机理及失效机制研究”（项目编号 52268060），国家留学基金委项目（201308360149），江西省自然科学基金项目“有孔管桩静压沉桩效应及其荷载传递机理研究”（项目编号 20171BAB206059），江西省教育厅科研基金项目（项目编号 GJJ170601、GJJ14527、GJJ08226）、绿色建筑与装配式建造安徽省重点实验室开放基金项目（项目编号 NO.2023-JKYL-003）和南昌航空大学基金项目（EA200500147）等的资助！华东交通大学郑明新教授和课题组成员陈章富、杨岩松、邓定哲、乐腾胜等研究生也参与了本书部分内容的编撰工作。

感谢南昌航空大学学术文库出版基金的资助！

感谢本书所引用参考文献的作者和机构，他们的成果是本书的基础！

由于水平有限，拙著难免会有缺陷和错误，恳请广大读者批评指正。

作　者

2023 年 6 月

目　　录

第1章

绪　　论

1.1　研究背景

桩基础是最常见的基础形式之一,也是目前工程上应用最广泛的建筑基础类型之一。桩基础应用历史悠久,是一种古老的基础形式。早在远古时期,人们为避免受到野兽的攻击,在沼泽地和水中搭建木桩来支撑居住处所。在我国,最早的桩基是在7000多年前河姆渡人居住的遗址中发现的。到宋代,有"临水筑基"这一说法,说明桩基技术已日渐成熟。到了清代,不论是对于桩基础的布置、桩基础的材料,还是桩基础的施工顺序、施工方法,都有详细的记载。如今,随着工程技术的不断发展,从桩基的类型、材料到施工的机械、方法,都取得了快速发展,已形成一套完整的桩基础设计、施工体系。

在我国东南沿海、沿江、沿湖等区域,存在着大面积的深厚软弱土层,分布着广泛的海相沉积土,蕴藏着丰富的湖相沉积土。随着城市化进程日益推进,在这些地区进行道路工程建设势在必行,难免会遇到软土地基问题。同时,随着经济的不断发展,城市规模进一步扩大,势必造成城市化过程中建设用地越来越紧张。为了使城市有限的土地资源得到最大化利用,人们必然要在这些软弱土层上修建各种超高层建筑物,因此,必须对软弱地基进行加固处理,使其能够满足更高的上部结构承载力要求。迄今,对于软弱土地基的处治方法有很多,但以桩体复合地基技术为主。桩基础可有效减少施工过程中对材料的消耗、烦冗的施工工序,以及减轻环境污染,因此在工程中多采用桩基础对地基进行加固处理,以满足上部结构对地基承载力、沉降的要求。桩基础按成桩产生的挤土效应可分为:

①挤土桩——沉桩时对桩周土造成严重扰动,如预制混凝土桩、桩端封闭的混凝土或钢管桩等。

②非挤土桩——先成孔,再灌注混凝土,如现浇混凝土灌注桩(成孔方法包括冲孔、钻孔、挖孔等)。此类桩成桩时对周围土层几乎没有造成挤压变形。

③部分挤土桩——沉桩时只引起部分挤土效应,如桩端未封闭的混凝土管桩或钢管桩、静压预应力管桩等。

静压沉桩是一种具有良好性能的施工工艺,相比于高污染、高噪声、土体大变形的锤击式沉桩,具有施工过程中污染小、不扰民,能够有效地控制地基不均匀沉降等优点。同时,由于管桩单桩承载力高,抗压及抗拔性能相对于传统桩型都有较大优势,故广泛应用于城市中心地段及沿江、沿海软弱土层较厚的地基中。

预应力混凝土管桩作为一种刚性桩,在铁路、公路等道路工程软基处理中得到了广泛应用。20 世纪 80 年代初,国外首先将预应力混凝土管桩应用于铁路连接线工程[1]和公路拓宽工程[2]。从 20 世纪 90 年代末开始,国内也将预应力混凝土管桩应用于高速公路[3-6]、高速铁路[7]等软土路基工程。工程实践证明,作为复合地基竖向增强体,预应力混凝土管桩适合于处理路堤荷载作用的软土地基,已成为软土路基处理中经常选用的一种桩型。经过 50 多年的发展,预应力混凝土管桩、CFG 桩(水泥粉煤灰碎石桩)等刚性桩复合地基技术已成功应用于路堤拓宽工程、新建高速公路工程以及桥头、通道、涵洞等结构物与软基相连的地基处理工程,它适合于处理柔性荷载(如路堤荷载)作用的深厚软土地基,是道路工程领域一种具有良好应用前景的地基处理方法。

在软土地基中按一定间距打设刚性桩(桩体主要采用预应力混凝土管桩),桩顶通过钢筋笼配置桩帽,再在桩帽顶面铺设一定厚度的碎石褥垫层或加筋垫层,从而形成带帽刚性桩复合地基。带帽刚性桩与传统的桩基础相比,取消了桩顶承台,而以面积较小的桩帽代替,如图 1-1、图 1-2 所示。

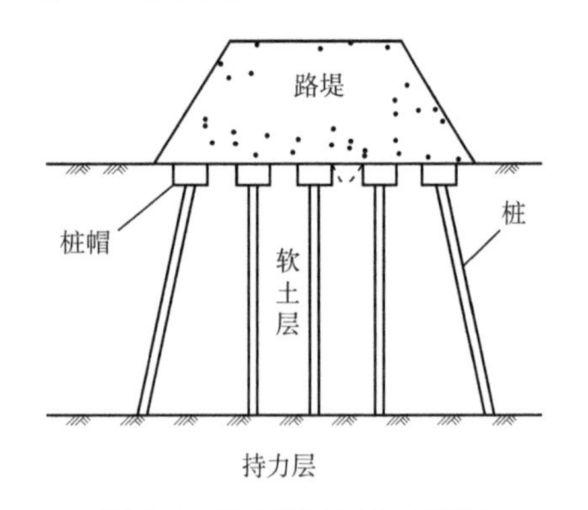

图 1-1 常规带帽刚性桩路堤

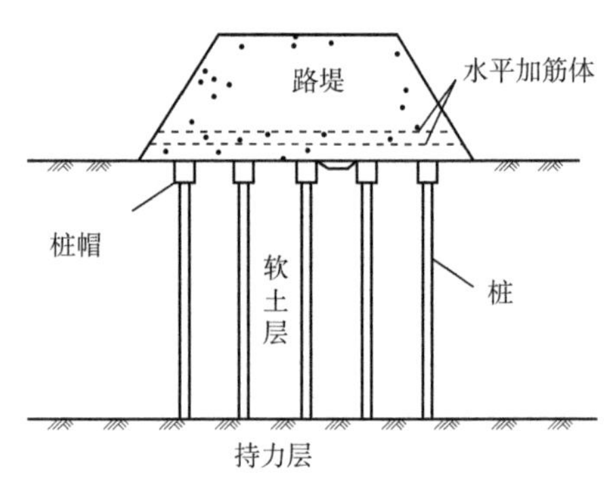

图 1-2 带帽刚性桩加筋路堤

众所周知,在预制桩沉桩过程中,特别是采用锤击沉桩方式时,由于桩对土体的挤压作用,桩身周围一定范围内的土层将发生扰动变形,使土的结构性发生破坏,引起土体向上隆起和水平位移,桩周饱和软黏土体将产生很高的超孔隙水压力,极易造成邻桩上抬、挠曲、偏移、断桩等一系列不良后果。如果施工场地周边存在地下管廊等构筑物时,还将对这些构筑物产生不良影响。因此,预制桩沉桩施工将产生一系列的工程危害,对周围环境不可避免地产生相当严重的不利影响[8]。这种不利影响主要表现在以下几个方面:①桩入土排开同体积土体,桩周土层被压密和挤开,从而使土体产生垂直隆起和水平移动,导致邻桩产生上浮、偏移和翘曲,甚至断桩;②沉桩时桩周土体中的应力状态发生改变,尤其在靠近桩表面处将产生很高的超孔隙水压力;③沉桩时桩周土体被重塑和扰动,土的原始结构遭到破坏,土的工程性质与沉桩前相比有很大改变;④随着桩周土体中超孔隙水压力的消散,土体会再固结,可能使桩侧受到负摩阻力作用;⑤沉桩挤土效应还可能使周围建(构)筑物、地下管线等产生裂缝,甚至断裂。由此可以看出,沉桩效应对周围环境的不利影响主要是由沉桩过程产生的超孔隙水压力和土体位移所引起的。如果能使土体内增加的孔隙水及时排出并快速地消散,势必可以改善相邻桩体的偏移、上升、断桩等不良现象,从而减轻对周围建筑物造成的危害。

正因如此,人们对沉桩效应问题及其影响的关注由来已久,但由于该问题相当复杂,原理至今仍不十分清楚,由此造成的工程事故时有发生;与此同时,由于静压沉桩法具有噪声小、成桩质量高、沉桩速度快等诸多优点,在工程建设中已得到了越来越广泛的应用。因此,为避免沉桩造成工程事故,需要进一步开展对静压沉桩效应问题的研究,特别是需要寻求能够有效减轻静压沉桩效应不利影响的新途径。

1.2　锥形-有孔柱形组合管桩技术的提出

在预应力混凝土管桩静压沉桩施工过程中经常发现,大多数管桩内腔均有水,特别是在一些含水率大的软土地基中,管桩内腔含水更多。其原因主要是在管桩沉桩过程中,由于桩周土受到了挤压而产生了超孔隙水压力。随着超孔隙水压力的消散,土中水可通过两节管桩的接桩缝隙进入管桩内腔。进入管桩内腔的水越多,地下水位下降越多。这种现象对加速超孔隙水压力消散、降低土中含水率、提高地基承载力、增强地基稳定性等方面均能产生积极作用。

土力学理论指出,饱和土地基产生沉降变形的主要原因是土体中孔隙水的排出,因此地基沉降量的大小在很大程度上取决于土中孔隙水排出量的多少。如果能在沉桩过程中,让更多的孔隙水排出、进入管桩内腔内,一方面在沉桩过程中,可以减弱管桩挤土效应,改善邻桩上抬、偏移、断桩等情况,减轻对邻桩造成的危害,另一方面也有助于增加沉桩施工期间地基沉降量,减少地基工后沉降量。

对修建于深厚软土地基的高速公路、高速铁路等工程来说,控制地基沉降变形,更多的是要控制其工后沉降量。倘若能在路堤施工期间产生更多的沉降量,即产生更多的施工期沉降量,则将减小其工后沉降量,从而达到控制沉降变形和工后沉降量的目的。要想产生更多的施工期沉降量,应在管桩施工期间将土中孔隙水尽可能多地排出,降低土的含水率。同时,随着土体含水率减少,土的抗剪强度也可以得到提高,从而提高地基承载力,增强地基稳定性。

为减轻静压沉桩效应对周围环境造成的不利影响,工程中通常采取设置应力释放孔、合理安排沉桩顺序以及控制沉桩速度等手段进行控制,但这些措施并没有改进桩体自身结构。周乾等在混凝土桩体周边设置若干侧槽,对其沉桩过程进行了超孔隙水压力观测,发现桩身侧槽具有加速超孔隙水压力消散的功效[9]。刘汉龙等提出了现浇X形混凝土桩,进行了现场沉桩效应试验,发现X形桩能够较好地减小土体侧向位移[10]。这些研究表明:通过改变桩身形状或桩身结构,可以有效减轻沉桩效应对周围环境的不利影响。

将预应力混凝土管桩应用于高速公路、高速铁路等深厚软基处理工程,主要是用来控制路基沉降变形,但更多的是要控制路基工后沉降量。由前述可知,饱和软黏土沉降变形量的大小主要取决于土中孔隙水排出的多少。因此,要减小路基工后沉降量,实际上就是要在高速公路、高速铁路修筑阶段(不仅包括预应力混凝土管桩静压沉桩施工过程,也包括路基施工、路堤填筑等施工过程)让更多的土中孔隙水排出,但一般来说,在静压沉桩施工阶段产生的超孔隙水最为明显，这部分超孔隙水压力的消散直接影响地基的工后沉降量。因此，饱和软黏土排出的孔隙水主要取决于静压沉桩施工阶段。静压沉桩过程产生的孔隙水越多，沉桩效应越明显，对周围环境的不利影响越显著，而这种现象又恰是要在施工中尽量克服的。因此，工程中所面临的问题就比较矛盾：一方面静压沉桩要尽量排出更多的孔隙水，以产生较多的施工期沉降量、减少工后沉降量；另一方面又要控制静压沉桩排出的超孔隙水，以防止超孔隙水对周围环境产生不利影响。

在预应力混凝土管桩静压沉桩过程中，如何才能让更多的超孔隙水排出、又减轻超孔隙水产生的不利影响呢？基于上述分析，应该让土体中更多的孔隙水进入管桩内腔。目前，在刚性桩复合地基研究中，无论是工程实践，还是理论研究，桩体均为常规预应力混凝土管桩（无孔）。由于桩、土刚度相差太大，桩体自身承载力一般不是主要问题。为了让静压沉桩过程产生的土中孔隙水更多地进入管桩内腔，可以采取适当降低管桩承载力的方案，人为设置一些让静压沉桩超孔隙水进入管桩内腔的排水通道，对现有的常规预应力混凝土管桩结构进行改造。

为让更多的超孔隙水尽快排出，以减轻静压沉桩效应不利影响，并避免桩体分担荷载过于集中，可以适当降低管桩承载力，提高桩周土体分担荷载的能力。依照这种思路，本课题组提出采用有孔管桩替代常规无孔管桩的方案，提出了“一种用于深厚软基处理的 PTC 型带孔管桩”“一种双向对穿孔管桩”等多项有孔柱形管桩[11-12]技术，如图 1-3 所示，目的在于进一步减轻管桩沉桩过程中的挤土效应和超孔隙水压力的不利影响。有孔柱形管桩技术就是在柱形管桩壁上开孔，设置一些排水通道，让静压沉桩产生的超孔隙水能够通过桩孔主动进入管桩内腔，从而加速超孔隙水压力时空消散，减小超孔隙水压力最大值，缩短施工工期。若地基含有淤泥质土层，淤泥也可通过桩孔流入管桩内腔；若管桩内腔集水比较多，则可采取抽水方式将其排出。随着管桩内腔水位降低，土中孔隙水又会进入管桩内腔，进一步降低桩周土的含水率，从而达到增大路基施工期沉降量、减小路基工后沉降量的目的。由于桩身开孔，势必降低桩体自身承载力，但本课题组通过模型试验已验证：带帽有孔管桩复合地基承载力要大于带帽无孔管桩复合地基[13]。这说明桩身开孔引起桩体承载力的折减可以通过提高桩周土体分担的荷载来弥补。

为能有效避免深层土体被扰动，降低桩周土体结构被破坏的可能性，近年来本课题组提出了“一种用于深厚软基处理的 PTC 型有对穿孔锥形管桩”“一种有不对穿孔锥形管桩”等多项关于有孔锥形管桩的设计思路，目的就是要在加速超孔隙水压力时空消散的同时，尽力避免深层土体被扰动，降低桩周土体结构被破坏的可能性，从而有效减轻静压有孔锥形管桩沉桩效应对周围环境的不利影响。由于锥形管桩（图 1-4）自身特点，施工时锥形管桩就像个楔子（直径大的一端在上、直径小的一端在下，如同倒置的电线杆）被打入土中，有利于发挥桩侧土体的侧摩阻力（图 1-5、图 1-6）。随着桩入土深度的增加，土体被扰动程度能够逐渐减轻。当把锥形管桩作为复合地基竖向增强体时，能够增大复合地基面积置换率，有助于提高复合地基承载力[14]。

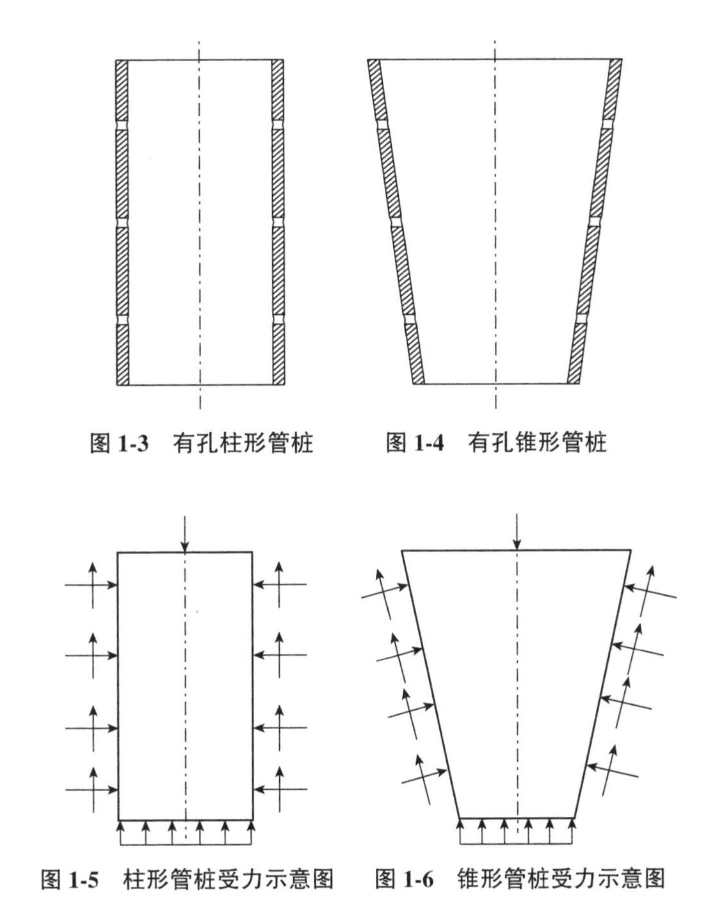

图1-3 有孔柱形管桩　　图1-4 有孔锥形管桩

图1-5 柱形管桩受力示意图　　图1-6 锥形管桩受力示意图

尽管有孔锥形管桩具有上述良好的受力特点,但这种桩型存在处理深度有限、加工成桩模具多及接桩不便等缺陷。为发挥有孔锥形管桩和有孔柱形管桩各自优势,使两者取长补短,将有孔锥形管桩和有孔柱形管桩结合起来,提出有孔锥形-柱形组合管桩技术(如图1-7所示,类似于“漏斗”状)。设计时,有孔锥形管桩的小端尺寸应与有孔柱形管桩的尺寸保持一致,每根组合管桩最后一节采用有孔锥形管桩,其余各节均采用有孔柱形管桩,以此解决有孔锥形管桩在处理深度、成桩模具及接桩等方面存在的问题。有孔锥形-柱形组合管桩不仅能够有效减轻静压沉桩效应对周围环境的不利影响、提高土体抗剪强度,还能增大面积置换率、提高复合地基的承载力。

但在实际工程中,地基浅层含水率通常较小,地下水位通常位于较深土层,故浅层地基中采用不开孔的锥形管桩,深层地基则采用有孔的柱形管桩,由此可形成锥形-有孔柱形组合管桩技术,如图1-8所示,以求达到更佳的软基处理效果。设计时,每根组合管桩最后一节采用不开孔的锥形管桩,其余各节均采用有孔柱形管桩。有孔柱形管桩尺寸与《预应力混凝土管桩技术标准》(JGJ/T 406—2017)的尺寸规定一致,锥形段小端截面尺寸与柱形段截面尺寸保持一致,其大端截面尺寸则由锥角和锥形段长度确定。之所以提出这种组合管桩技术,主要是因为通常的软基工程,地表土层多有硬壳层,其地基承载力比深层软土要大得多,更为主要的是地下水位通常位于较深土层,浅层土体含水率通常较小。同时,最后一节采用锥形管桩,也有利于挤密桩周土体和增大复合地基面积置换率,提高地基承载力。另外,当把锥形-有孔柱形组合管桩用于深厚软基处理形成桩体复合地基时,可以不在桩顶位置配置桩帽。与带帽刚性桩或路堤桩复合地基相比,这种组合管桩复合地基还有施工速度更快、工程造价更低、更有利于保护环境等优势。因此,浅层地基采用不开孔的锥形管桩,深层地基则采用开孔的柱形管桩。当然,设计、施工中,柱形段管桩也可以根据工程地质具体情况选用有孔柱形管桩或常规混凝土管桩。当土层含水量丰富时,采用有孔柱形管桩;当土层含水量较少时,则可采用不开孔的常规混凝土管桩。

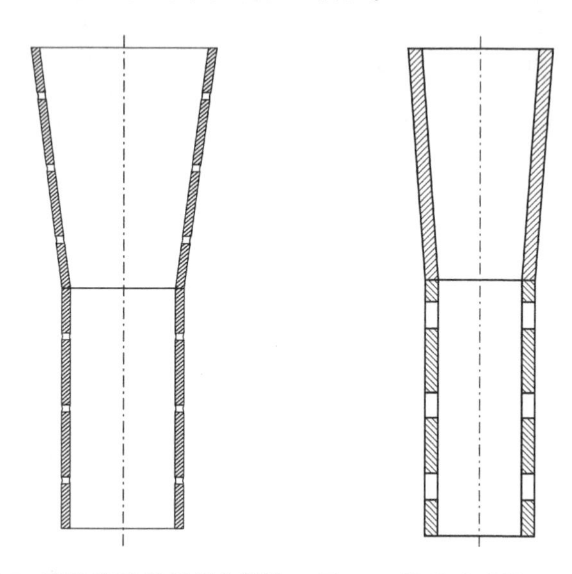

图 1-7　有孔锥形-柱形组合管桩　　图 1-8　锥形-有孔柱形组合管桩

有孔管桩技术、有孔锥形管桩技术、有孔锥形-柱形组合管桩技术以及锥形-有孔柱形组合管桩技术除了继承常规预应力管桩的优点外,还能有效减小桩周土体被破坏的可能性、降低超孔隙水压力最大值并加速其时空消散,从而有效减轻静压沉桩效应对周围环境的不利影响;而且,后两种还能增大面积置换率、提高复合地基的承载力。

锥形-有孔柱形组合管桩静压沉桩机制是一个崭新的研究课题。由于桩身开孔和锥形段的变截面,必将影响这种组合管桩的静压沉桩效应及其沉桩机制,与常规柱形管桩静压沉桩效应不同。例如,静压沉桩过程中桩-土相互作用的内在机理和贯入机制,静压沉桩过程中超孔隙水压力时空消散、土体位移等沉桩效应变化规律等问题都有待探索。此外,作为一种新型管桩技术,桩身开孔和变截面必将影响锥形-有孔柱形组合管桩荷载传递特性,对其承载性状影响因素、各主要影响因素敏感性以及在高速公路或高速铁路等路基处理工程中的承载性状的研究目前仍是空白。

1.3　静压沉桩效应研究现状与分析

国内外众多学者对柱形桩静压沉桩效应问题进行了广泛又较为深入的室内外试验、数值模拟和理论研究,对锥形桩相关问题的研究也逐步开展起来,并取得了一些重要成果。

1.3.1 静压沉桩效应研究现状

1)室内外试验研究方面

在柱形桩方面,Housel 和 Burkey 首先在现场观测了桩体挤土效应,指出明显的土体扰动发生在距桩壁2倍桩径范围内[15]。Randolph 通过在软黏土中静压一系列预制桩,发现在地面以下6倍桩径范围内土体变形呈径向分布[16]。李镜培等对静压沉桩效应进行了模型试验,获得了沉桩过程中土体位移变化规律,探讨了静压沉桩效应内在机理[17-18]。张建新等基于室内静压群桩模型试验,分析了土体变形、超孔隙水压力消散等变化规律[19]。卢金岳针对工程沉桩引起土体水平位移的实测资料,分析了土体水平位移随沉桩深度的变化规律[20]。周火垚等在饱和软黏土地基中进行了3根足尺静压桩试验,分析了超孔隙水压力最大值沿径向和深度的变化特性[21]。雷瑜等通过对上海虹桥高铁站区路基预应力管桩沉桩过程中孔隙水压力和桩顶标高的监测,研究了沉桩过程对周围土体结构的影响[7]。

对于锥形桩(或称楔形桩),Naggar 等进行了一系列模型试验研究,发现楔形桩的桩侧摩阻力较柱形桩大,但桩端阻力值较柱形桩小,楔形桩与同体积柱形桩相比,承载力增大而沉降减少[22-24];还比较分析了楔形桩和柱形桩的横向力学性能,发现楔形桩桩身应力分布更合理[25]。何杰等对1根柱形钢桩和2根不同侧壁倾角的楔形钢桩进行了静载模型试验,指出楔形桩承载力比柱形桩大,增大锥角能有效提高单桩承载力、降低桩基沉降[26]。张可能等对静压楔形桩及柱形桩的挤土效应进行了室内模型对比试验,发现楔形桩工作性状远优于柱形桩,楔形桩倾斜侧壁能有效缓解桩体应力集中现象[27]。曹兆虎等采用透明土进行了静压楔形桩沉桩效应模型试验,成功实现了静压沉桩过程中土体位移的观测[28]。

上述有关柱形桩的室内外试验虽然在一定程度上能够反映静压沉桩挤土效应,但在沉桩过程中,采取哪些措施才能更有效地减轻挤土效应的不利影响、加速超孔隙水压力消散等问题还有待深入、系统地探讨。另外,对于锥形桩的试验研究主要集中于承载性状方面,对其静压沉桩效应方面的研究还不够深入,特别是超孔隙水压力时空消散问题的系统研究更是缺乏。

2)数值模拟研究方面

在柱形桩方面,罗战友等基于有限变形理论及土体屈服准则对静压桩挤土位移场进行了数值模拟,讨论了桩-土界面不同摩擦情况对沉桩位移场的影响[29]。基于 ANSYS 平台,岳著文[30]等对静压沉桩连续贯入的全过程进行了数值模拟,周健等采用圆孔扩张有限元方法分析了静压群桩的挤土效应问题,所得结果与实测变化规律基本相近[31]。雷华阳、陆培毅等采用有限元方法,分析了沉桩后超静孔隙水压力消散规律和管桩承载力随时间变化规律[32-33]。基于薄层单元法,赵健利等采用数值分析方法分析了单桩沉桩过程及其挤土效应[34]。赵明华等对饱和软黏土中沉桩及其随后固结过程进行了数值模拟,指出要考虑沉桩过程的三维本质[35]。

对于锥形桩,Take 等对桩体与桩周土的相互作用问题进行了数值分析,并指出桩的锥形侧面有利于发挥桩土共同作用,比同等长度的柱形桩单位体积承载力大[36];基于三维有限元方法,Kurian 和 Srinivas 对锥形桩和柱形桩的承载力及沉降性状进行了数值模拟[37];王垠翔等对柔性基础下夯实水泥土楔形桩复合地基和夯实水泥土圆柱形桩复合地基的变形规律做了初步分析,认为用楔形桩加固软土地基安全经济[38]。

上述文献表明,目前关于静压沉桩效应的数值分析主要集中于常规的柱形桩;对于锥形桩则集中在对其承载性状的数值分析,对其静压沉桩效应方面的数值模拟几乎是一片空白。更为突出的问题是,目前已开展的静压沉桩效应数值分析中,没有考虑桩体形状和桩身结构的改变对超孔隙水压力时空消散、土体位移等沉桩效应变化规律的影响,对采取哪些措施可以有效减轻静压沉桩效应的不利影响也缺乏更为深入的探讨。

3)理论研究方面

静压沉桩效应理论分析方法大致有圆孔扩张理论、应变路径法和滑移线理论等几种,其中以圆孔扩张理论应用最广。Butterfield 和 Banerjee 首先用平面应变条件下的柱形孔扩张理论解决桩体贯入问题[39]。Vesic 利用球形和圆柱形扩张理论,研究了沉桩挤土效应[40]。Randolph 等对平面应变条件进行轴对称简化,探讨了沉桩对桩周土强度变化和含水率变化的影响[41]。由于圆孔扩张理论形式简单、易于求解,经过 Vesic、Randolph 和 Carter 等[42]的研究、发展,已经成为沉桩对周围土体影响研究中应用最为广泛的方法之一。基于圆孔扩张理论,刘裕华等对预制管桩挤土效应进行弹塑性分析,得到塑性区半径和土体位移的解析表达式[43]。基于变分原理,高子坤等推导出沉桩挤土位移、应变和应力场解答,讨论了超孔隙水压力分布规律[44]。陆培毅等探讨了单桩桩周土体中产生的超孔隙水压力大小、分布规律及影响范围[45]。针对管桩沉桩过程中产生的挤土效应,雷华阳等采用考虑结构性损伤的四折线应变软化模型,改进了柱形孔扩张理论解[46]。基于 Mohr-Coulomb 屈服准则及 SMP 屈服准则,韩同春等采用空间轴对称圆柱孔扩张理论,推求出沉桩过程中极限扩孔压力的理论解[47]。王伟等引入时间参数,分析了饱和软土中沉桩引起的超静孔隙水压力变化规律[48],与实际比较相符。李镜培等将饱和黏性土中静压沉桩过程视为柱孔不排水扩张问题,采用 SMP 准则改进的修正剑桥模型,推导出柱孔扩张引起的超孔隙水压力基本解,并考虑桩周土竖向和径向固结,建立空间轴对称固结方程定解条件,采用分离变量法求得桩周超静孔隙水压力消散的级数解答[49]。张鹏远等得出了饱和土体中球(柱)孔扩张问题的总应力场,并求解出弹性区和塑性区超孔隙水压力[50]。马林等提出超静孔隙水压力随径向和深度方向变化的分布公式,得出了随深度线性增加、随径向对数衰减的简化计算公式,并推导出沉桩时产生的超孔隙水压力与沉桩速度之间的关系[51]。

对于锥形桩相关问题的理论分析,则是基于柱形桩计算理论而开展起来的。Kodikara 和 Moore 建立了一个楔形桩承载力理论计算公式,并对实际工程进行预测,计算结果与实测结果吻合良好[52],不过该公式仅适用于楔形角较小情况。基于试验结果,Hesham 建立了楔形桩的侧阻计算模型,但未总结出楔形桩的荷载传递规律[53]。孔纲强等对扩底楔形桩施工中扩大头桩周土体应力场进行了理论探讨,分析了扩大头直径、土体参数以及楔形桩沉桩后的应力场、位移场等因素对扩大头施工中挤土效应的影响规律[54]。基于极限平衡理论,王奎华等提出了一种楔形桩单桩破坏模式,推导出该破坏模式下的楔形桩承载力计算方法,并通过数值分析和实例计算对该方法的合理性进行了讨论[55]。刘杰等通过对楔形桩与圆柱形桩复合地基承载性状的计算分析,提出楔形桩复合地基的承载特性要优于圆柱形桩复合地基,并建议将楔形桩复合地基应用于高速公路路堤软基处理工程[13]。

分析上述文献,可以看出,静压沉桩圆孔扩张理论研究主要针对柱形桩,认为孔壁应力只与径向位置有关,而与竖向位置无关,并忽略孔壁竖向摩擦力的影响。实际上,静压沉桩过程属于三维轴对称问题,桩侧摩阻力显然存在,孔壁压力不仅与径向位置有关,而且与竖向位置有关。对锥形桩(变截面)圆孔扩张理论的研究还处于探索阶段,目前仅对其承载性状进行了理论分析。桩身结构、形状等参数对土体位移、超孔隙水压力消散的影响在圆孔扩张理论分析中很少涉及,对采取哪些措施才能有效减轻静压沉桩效应的不利影响也没有进行更为深入的理论分析与探讨。

4)有孔柱形管桩静压沉桩效应方面

针对有孔管桩静压沉桩所引起的挤土效应问题,刘智采用室内模型试验和数值模拟方法,研究了有孔管桩静压沉桩过程超孔隙水压力消散问题,验证了桩身开孔有利于加速超孔隙水压力消散[56]。黄勇和周小鹏等人分别采用室内模型试验和数值模拟方法,研究了透水管桩加速桩周土体固结问题,认为透水管桩更有利于桩周土超静孔隙水压力消散,消除其沉桩效应对周围环境的不利影响[57-58]。乐腾胜采用室内模型试验方法,通过向软土中静力压入无孔管桩和6种不同布孔方式的有孔柱形管桩,对各种管桩沉桩时引起的超孔隙水压力进行了监测和分析,讨论了各种管桩静压沉桩时超孔隙水压力随深度、径向距离和开孔分布位置变化的规律。通过对比分析,发现桩身开孔有利于超孔隙水的消散,并能减小超孔隙水压力最大值,同时得到超孔隙水压力消散效果与开孔数量和孔径有关[59]。易飞对静压有孔柱形管桩沉桩产生的超孔隙水压力消散规律进行数值模拟,比较分析了静压无孔管桩和星状对穿有孔管桩沉桩过程中超孔隙水压力的变化情况,结果表明无孔管桩静压沉桩过程中超孔隙水压力最大值大于有孔管桩超孔隙水压力最大值,证明了桩身开孔有利于超孔隙水压力消散[60]。基于圆孔扩张理论,雷金波等推导出有孔柱形管桩静压沉桩产生的超孔隙水压力、塑性区半径等解析表达式;根据土压力理论,推导出超孔隙水压力与上覆有效压力关系的表达式;结合工程案例,比较分析了静压无孔柱形管桩和有孔柱形管桩超孔隙水压力的变化情况,验证了有孔柱形管桩能够加速超孔隙水压力的消散,并降低超孔隙水压力最大值[61]。

1.3.2 静压沉桩效应研究现状分析

不难发现,对于静压沉桩效应的研究在以下诸多方面还有待加强:

①目前仅有的锥形桩研究主要集中于锥形桩承载特性、沉降特性等方面,而且这些成果主要反映锥形桩沉桩之后的工作性状,有关锥形桩静压沉桩过程中所产生的沉桩效应问题,很少有文献涉及,更没有进行深入和系统的研究。

②现有静压沉桩模型试验,地基土体几乎都采用砂土,同时模型桩并非实体桩尺寸,而

是按一定比例进行了缩小，这就极易造成桩体与土体的匹配关系与实际工程不相符，使模型试验结果不能真正反映超孔隙水压力时空消散的实际变化情况。正是这样，大多文献较多关注土体位移，而对超孔隙水压力的观察不够充分。诚然，土体位移是描述静压沉桩效应的一个重要指标，但土体位移的大小一方面与桩体的挤压力作用有关，另一方面与超孔隙水压力的消散有关，而且后者在描述静压沉桩效应不利影响中更为直接和重要。此外，模型尺寸的选择也是一个不容忽视的问题。

③已开展的静压沉桩效应问题研究，几乎都是针对常规柱形桩的，很少涉及桩身开孔的有孔管桩。尽管本课题组已进行了带帽有孔柱形管桩复合地基工作性状方面的探索，但对于有孔管桩静压沉桩机制也缺乏深入、细致、系统的研究，目前所取得的研究成果还不能完全揭示有孔管桩技术的突出优势。

④本课题组通过室内模型试验已证明：桩身开孔引起的管桩承载力折减可以通过使桩周土承担更多的荷载来弥补，从而提高复合地基承载力。桩周土能够承担更多的荷载，说明静压沉桩后桩周土抗剪强度指标得以提高，但是静压沉桩过程中桩身开孔对桩周土体抗剪强度、含水率等物理力学指标究竟有何影响，目前还未完全被揭示。

⑤尽管国内外众多学者在理论方面对静压沉桩效应问题进行了较为深入研究，但经典平面圆孔扩张理论只能反映初始超孔隙水压力沿径向的分布规律，不能反映其沿深度变化的规律。实际上，静压沉桩属于三维问题，这使得现有研究结果也难免存在不合理之处。

⑥沉桩过程产生的超孔隙水压力时空消散、土体位移等问题不仅与时间、水平径向距离等因素有关，还与桩径、竖向深度、沉桩速度等有关，但同时考虑这几种因素的研究尚属少见。因此，计算时考虑多个影响因素才能更清楚地了解超孔隙水压力时空消散过程，揭示出静压沉桩过程中桩土相互作用的内在机理。

⑦现有圆孔扩张理论研究中的贯入桩体，主要针对柱形桩（这种桩是等截面且桩身不开孔）；而对于静压锥形-有孔柱形组合管桩引起的圆孔扩张问题，还鲜有研究。锥形-有孔柱形组合管桩的圆孔扩张问题是一个崭新的研究课题。

1.4 刚性桩承载性状研究现状与分析

1.4.1 研究现状

1）刚性桩承载性状方面

对于刚性桩荷载传递特性、桩侧摩阻力等方面，国内外众多学者进行了大量而又有成效的工作，取得了丰富的研究成果。王伟等对多桩复合地基进行了中心桩、角桩、边桩的承载性状以及荷载传递特性的现场测试，结果表明：桩侧摩阻力是桩体承载力得到发挥的本质所在[62]。郭帅杰等依据荷载传递理论认为，刚性桩加固区桩与桩间土之间存在荷载相互转移现象，桩侧同时分布正、负摩阻力[63]。基于塑性极限理论上限分析法，赵阳等通过参数分析,得到了带帽刚性桩极限承载力随桩帽尺寸、土的黏聚力和内摩擦角的变化规律[64]。Liu Mingquan 等对有帽桩和无帽桩进行了数值研究,得到了考虑桩间距和桩帽桩径比影响的桩帽复合地基的沉降特性[65]。Min Youwei 考虑刚性桩、柔性桩、垫层等因素,对竖向荷载下刚、柔性复合地基进行数值分析,得出刚性桩长度是影响承载力和沉降的主要因素,柔性桩主要作用是提高浅层土强度[66]。Wang Guohui 等研究了刚性柱复合地基的承载特性和荷载传递机理[67]。基于刚性桩变形特性,Lang Ruiqing 等分析了刚性桩复合地基的固结特性,通过数值模拟验证了解析方法的准确性[68]。Liu Wei 等对变径刚性桩复合地基在竖向荷载作用下的承载特性进行了数值计算和分析,结果表明,变径刚性桩复合地基能有效提高承载力,控制沉降,降低土体应力水平[69]。Ge Junkai 等采用有限差分法计算桩网复合地基固结性能,桩的应力集中比和轴力随复合地基固结而增大,桩的中性点随固结过程而向下移动[70]。另外,郑刚[71]、杨光华[72]、李连祥[73]、刘吉福[74]、陈昌富[75]、李金良[76]、王国才[77]、魏纲[78]、张明远[79]等学者对刚性桩承载问题进行了较为系统的研究,得到了一系列有价值的结论。

2)锥形桩承载特性方面

锥形桩(亦称楔形桩)是一种变截面桩,锥形桩施工时就像个楔子被打入土中,可充分发挥桩周土体侧摩阻力,其承载力要优于等截面的柱形桩,具有较好的技术和经济效果。邱明国等对竖向荷载作用下冻土中的等截面竖直桩和锥形桩的破坏模式进行了初步探讨,锥形桩破坏过程缓慢,在极限状态下呈塑性破坏特征,并分析了锥形桩体破坏模式[80]。陈庆武等对锥形桩承载性能进行了数值计算,总结锥形桩的荷载传递机理和承载力提高的原因,提出锥形桩和锥形台阶桩的承载力计算公式[81]。何杰等进行了等截面桩和不同楔角楔形桩的复合地基对比试验,指出夯实水泥土楔形桩能有效地调节桩-土沉降差和地基沉降,提高地基承载力;增大楔形桩的楔角能使桩体较早地发挥其承载性能;在置换率相同的条件下,夯实水泥土楔形桩复合地基的承载力随楔角增大而增大,合理的楔角范围为1°~3.5°[82-83]。杨贵等基于 PFC 数值分析软件,建立模拟楔形桩沉桩施工过程的数值模型,楔形桩静压沉桩效应与等截面桩沉桩效应规律基本类似,楔形桩静压沉桩施工桩端阻力、桩侧摩阻力和整体沉桩阻力分别是等截面桩的1.0倍、1.82倍和1.37倍[84]。顾红伟等开展砂土中竖向荷载、水平向荷载以及地面堆载作用下等混凝土用量的楔形桩和等直径桩承载特性对比模型试验,测得不同荷载等级下各桩的承载性状变化规律[85]。Kong Gangqiang 等对堆载作用下嵌砂锥形桩和等截面桩进行了模型试验,并提出了考虑角度效应的小锥角锥形桩在超载作用下的拉拔力和下拔力的简化计算模型,对土体的锥度角、附加荷载、强度和模量等参数进行了研究[86]。李镜培等根据楔形桩桩侧与桩端受力特点,提出了楔形单桩在均质土和分层土中的荷载-沉降曲线计算方法[87]。赵明华等针对锥形桩帽桩的几何特点、桩-土差异变形以及路堤填土内的土拱效应,考虑桩顶刺入路堤、桩端刺入下卧层,推导了路堤荷载下带锥形桩帽复合地基桩土应力比计算公式;随着锥形桩帽的锥角从5.7°增大到14°,桩土应力比的公式计算值从3.13减小到2.19,数值模拟值从3.06减小到2.08[88]。近年来,Singh、Patra 等对普通混凝土锥形桩在侧向谐波激励下的动力特性进行模型试验和数值模拟,得到了桩-土体系在水平振动作用下的响应曲线[89]。Liu Gao 等采用修正的阻抗函数传递法求解了桩的动力平衡方程,进一步证实了锥形桩承载力的优越性[90]。

3)有孔柱形管桩承载特性方面

对于有孔柱形管桩承载性状的研究,本课题组主要进行了以下工作:

(1)桩身开孔引起的应力集中现象

陈科林和黄小波开展了6种不同布孔方式的有孔柱形管桩应力集中系数和极限承载力模型试验,分析了桩身开孔引起的应力集中系数的变化和开孔引起的桩体极限承载力折减问题;桩身开孔数量越多,其极限承载能力折减越明显;对称开孔桩型的整体承载力性能优于不对称开孔桩型,其中星状布孔方式管桩承载力折减最少,应力集中系数较小[91-92]。杨康采用数值模拟方法分析了有孔锥形-柱形组合管桩桩身开孔引起应力集中问题,发现:单向对穿型锥形段应力集中系数随锥度增大而增大,柱形段应力集中系数随锥度增大而减小;星状型段和双向对穿型段应力集中系数分布的主要影响因素为布孔方式,锥度大小对其影响不明显[93]。

(2)有孔管桩单桩及其复合地基承载性状

乐腾胜采用室内模型试验方法,在软土地基中开展无孔管桩和3种不同布孔方式的有孔柱形管桩的单桩静载荷试验,对竖向荷载引起的桩顶沉降及桩身不同位置的应变进行了监测和分析,获得了各种管桩的荷载-沉降曲线、桩身轴力及桩侧摩阻力的分布规律。通过对比分析可知,星状开孔有孔柱形管桩的桩身轴力削弱最小,双向对穿有孔柱形管桩的桩侧摩阻力最大[94-95]。周星通过室内模型试验,对带帽有孔管桩复合地基承载特性进行了研究,发现:带帽有孔管桩复合地基承载力要大于带帽无孔管桩复合地基,桩身开孔能够有效减少复合地基沉降,且3种有孔桩型中,双向对穿有孔桩形管桩复合地基沉降最小;带帽有孔管桩复合地基桩土荷载分担比、桩土应力比均小于带帽无孔管桩复合地基,有孔管桩复合地基桩周土承担荷载能力要比无孔管桩复合地基强[12]。这些试验成果验证了有孔桩型能够加速复合地基中桩周土体固结,桩身开孔引起的管桩承载力折减可以通过提高桩周土分担的荷载来弥补,从而提高复合地基承载力。雷金波等对3种开孔方式的带帽有孔管桩复合地基和带帽无孔管桩复合地基的承载性状进行了模型试验,结果表明:带帽有孔管桩复合地基桩帽间土体表面土压力比带帽无孔管桩复合地基要大;带帽有孔管桩复合地基桩土荷载分担比、桩土应力比均小于带帽无孔管桩复合地基,带帽有孔管桩复合地基更能发挥桩周土体分担荷载的作用[96-97]。杨金尤等对带帽无孔管桩复合地基和三种开孔方式的带帽有孔管桩复合地基进行了模型试验和数值模拟,研究了各桩型复合地基荷载沉降、桩身轴力、桩周土压力以及桩土应力比等承载性状[98]。

1.4.2 承载特性研究现状分析

虽然现有研究成果在一定程度上能够反映有孔管桩承载性状、有孔管桩复合地基荷载传递特性以及锥形桩的承载性状,但通过对上述文献的分析,不难发现以下几个问题不容忽视:

①在研究对象上,已开展的有孔管桩承载性状相关研究,主要集中于有孔柱形管桩,并没有考虑管桩桩径的变化;同时,已开展的楔形桩承载性状相关研究,主要集中在实心楔形桩,桩体并没有空心腔。目前,几乎没有研究把锥形-有孔柱形组合管桩作为研究对象。

②在桩体材料上,已有模型管桩大多采用PVC(聚氯乙烯)管、铝管或不锈钢管等材料,不能真正反映混凝土管桩与土体实际相互作用问题。

③在研究方法上,目前对有孔管桩承载特性主要采用室内模型试验和数值模拟相结合的手段,而没有从理论上进行更深层次的承载机理研究,从而影响有孔管桩技术的应用推广。

④在路堤荷载作用下,锥形-有孔柱形组合管桩复合地基承载性状与常规桩体复合地基是否有差异以及有哪些差异,目前还鲜有研究。

⑤对于有孔管桩技术而言,本课题组通过模型试验已验证由桩身开孔所引起的桩体承载力折减,可以通过让桩周土体分担更多的荷载来弥补,但还缺乏有力的理论依据。

⑥目前未见对于有孔管桩承载机理问题的研究,更没有开展锥形-有孔柱形组合管桩的承载性状探讨,尚不清楚其承载机理。

1.5　本书主要内容和研究思路

1.5.1　主要内容

1)锥形-有孔柱形管桩组合管桩沉桩机制分析

运用圆孔扩张理论,研究锥形-有孔柱形组合管桩静压沉桩机制及沉桩效应,推导沉桩过程中锥形-有孔柱形组合管桩超孔隙水压力与径向距离、沉桩速度、深度以及开孔孔径关系的解析式,探讨分析锥形-有孔柱形组合管桩沉桩贯入过程中桩周土体的应力增量解和位移解。

2)锥形-有孔柱形组合管桩沉桩超孔隙水压力解析

对锥形-有孔柱形组合管桩静压沉桩产生的超孔隙水压力消散与各影响因素之间的关系进行研究,揭示超孔隙水压力时空消散分布规律。并结合工程算例,计算分析锥形-有孔柱形组合管桩超孔隙水压力的变化规律。

3)锥形-有孔柱形组合管桩静压沉桩模型试验

对锥形-有孔柱形组合管桩进行静压沉桩模型试验,分析静压沉桩前后土体物理力学指标变化规律,分析静压沉桩引起超孔隙水压力时空消散和土体位移的变化规律。

4)锥形-有孔柱形组合管桩静压沉桩挤土效应数值模拟

运用相关数值模拟分析计算软件,动态模拟分析锥形-有孔柱形组合管桩静压沉桩贯入过程,分析锥形-有孔柱形组合管桩静压沉桩条件下超孔隙水压力与径向距离、深度、开孔孔径以及沉桩速度等因素间的关系,揭示锥形-有孔柱形组合管桩静压沉桩条件下超孔隙水压力时空消散规律。

5) 锥形-有孔柱形组合管桩承载性状试验研究

采用大直径不锈钢管桩作为试验模型桩,进行锥形-有孔柱形组合管桩静载荷试验,探究竖向荷载作用下这种组合管桩的荷载-沉降、桩身轴力、侧摩阻力、桩周土体应力等承载性状变化规律,分析不同的开孔方式、锥度大小、桩径大小等因素对这种组合管桩承载性状的影响。

6) 锥形-有孔柱形组合管桩承载性状数值分析

运用数值模拟分析计算软件,开展数值模拟试验,建立数值模型,研究锥形-有孔柱形组合管桩承载性状的变化规律,分析锥度大小、桩体开孔对锥形-有孔柱形组合管桩承载性状的影响,并与室内模型试验所得试验数据进行对比,相互验证试验结果的正确性。

1.5.2 研究思路

采用理论分析、模型试验和数值模拟相结合的手段,研究锥形-有孔柱形组合管桩静压沉桩机制及沉桩效应问题,推导有孔管桩静压沉桩超孔隙水压力、塑性区半径等解析表达式,以期完善超孔隙水压力和土体位移简化计算;对锥形段锥角大小、柱形段桩身开孔的方式、孔径大小、孔径间距等因素进行探讨,提出合适的开孔方式和布孔方案,为这种组合管桩开孔的优化设计提供思路,揭示这种组合管桩的静压沉桩机制;在此基础上,开展锥形-有孔柱形组合管桩静载荷试验,研究这种组合管桩荷载传递特性,与此同时,对这种组合管桩承载性状进行数值模拟,并将载荷试验与数值模拟结果进行对比分析,揭示这种组合管桩桩身轴力、桩侧摩阻力、荷载沉降等的变化规律,为今后开展锥形-有孔柱形组合管桩复合地基理论研究及其应用奠定可靠基础。

第2章

锥形-有孔柱形组合管桩沉桩机制分析

2.1 引　　言

预应力混凝土管桩桩身开孔能使土中超孔隙水主动进入管桩内腔，从而降低静压沉桩效应产生的超孔隙水压力最大值，并加速其消散；锥形桩由于其特有的外形，能充分利用桩的楔形侧面作用，可充分发挥桩和土之间的相互作用。为了提高软土地基处理效果，发挥有孔柱形管桩和锥形管桩的各自优势，把有孔柱形管桩和锥形桩结合起来，形成锥形-有孔柱形组合管桩，进一步加快锥形-有孔柱形组合管桩静压沉桩过程中超孔隙水压力的消散，减小超孔隙水压力最大值。锥形-有孔柱形组合管桩可以有效地减小沉桩挤土效应对周边环境的不利影响、提高土体抗剪强度、增大复合地基面积置换率、降低工程造价等。本章对锥形-有孔柱形组合管桩静压沉桩过程中桩周土体的应力增量解和位移解等涉及沉桩机制的问题展开研究。

2.2 锥形管桩沉桩机制分析

2.2.1 基本假定

锥形管桩圆孔扩张问题的示意图见图2-1。

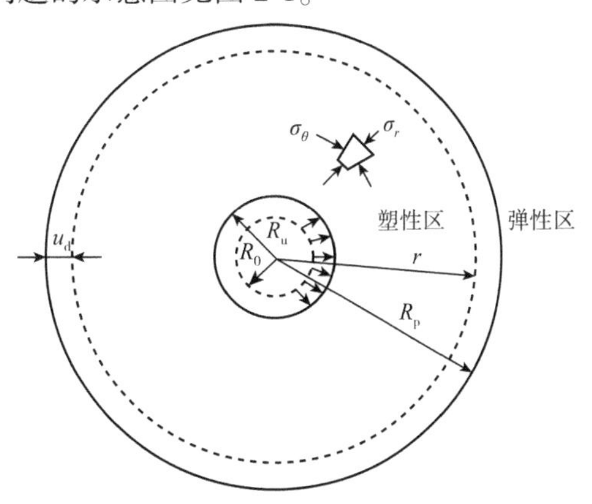

图2-1　锥形管桩圆孔扩张模型

R_u-锥形管桩任意深度处桩身半径；R_0-锥形管桩端部半径；R_p-塑性区半径；σ_r-土体的径向应力；σ_θ-土体的切向应力；r-半径

对锥形管桩理论计算模型,做如下基本假定:

①土体应力-应变关系在弹性区服从胡克定律,在塑性区服从 Mohr-Coulomb 弹塑性模型。

②沉桩过程可以看成不排水条件。

2.2.2 锥形管桩圆孔扩张问题塑性区最大半径的确定

基于弹性理论分析,应力函数 ψ 只是径向坐标 r 的函数,采用下述形式表示:

$$\psi=\sigma_0+C\ln r \tag{2-1}$$

式中,C 为常数。

弹性状态下,由式(2-1)可以获得土体的径向应力与切向应力表达式:

$$\sigma_r=\sigma_0+\frac{C}{r^2} \tag{2-2}$$

$$\sigma_\theta=\sigma_0-\frac{C}{r^2} \tag{2-3}$$

根据边界条件可确定常数 C。当 $r=R_u$ 时,$\sigma_r=P$,代入式(2-2),得:

$$C=(P-\sigma_0)R_u^2 \tag{2-4}$$

将上式代入式(2-1),可以得到:

$$\psi=\sigma_0+(P-\sigma_0)R_u^2\ln r \tag{2-5}$$

将式(2-4)代入式(2-2)、式(2-3)中可以得到 σ_r、σ_θ 的表达式:

$$\sigma_r=\sigma_0+(P-\sigma_0)\left(\frac{R_u}{r}\right)^2 \tag{2-6}$$

$$\sigma_\theta=\sigma_0-(P-\sigma_0)\left(\frac{R_u}{r}\right)^2 \tag{2-7}$$

根据式(2-6)和式(2-7)得到圆孔扩张问题中土体处于弹性阶段时土体应力分布情况。轴对称条件下径向位移为:

$$u=\frac{(1+\nu)(P-\sigma_0)}{E}\left(\frac{R_u}{r}\right)^2 r \tag{2-8}$$

也可以将式(2-8)改写成:

$$u=\frac{P-\sigma_0}{2G}\left(\frac{R_u}{r}\right)^2 r \tag{2-9}$$

结合式(2-6),式(2-8)可改写为:

$$u=\frac{1+\nu}{E}\sigma_r r \tag{2-10}$$

式中,G 表示土体的剪切模量;E 表示土体的弹性模量;ν 表示土体的泊松比;P 表示孔内均匀压力;u 为土体在弹性状态下的径向位移;$2G=E/(1+\nu)$。

式(2-8)表示圆孔扩张问题弹性阶段径向位移解。

根据式(2-7)、式(2-8)、式(2-10)可以得到弹性状态下圆孔内均匀压力与圆孔半径之间的关系式,如下式所示:

$$P=\sigma_0+2G\left(1-\frac{R_0}{R_u}\right) \tag{2-11}$$

在弹性状态下,通过楔形桩的几何关系可以得到桩身任意深度处孔压与半径之间的关系式:

$$P_h=\sigma_0+2G\left[1-\frac{R_0}{R_u-(R_u-R_0)h/L}\right] \tag{2-12}$$

式中,P_h 表示桩身任意深度处桩孔内压。

2.2.3　锥形管桩圆孔扩张问题的应力解

1)圆孔扩张问题的弹塑性解

圆孔扩张问题平衡方程为:

$$\frac{d\sigma_r}{dr}+\frac{\sigma_r-\sigma_\theta}{r}=0 \tag{2-13}$$

在土体要进入塑性状态时,遵循 Mohr-Coulomb 屈服条件:

$$(\sigma_r-\sigma_\theta)=(\sigma_r+\sigma_\theta)\sin\varphi+2C\cos\varphi \tag{2-14}$$

式中,φ 为内摩擦角;C 为内聚力。

将上式整理得到:

$$\sigma_\theta=\sigma_r\frac{1-\sin\varphi}{1+\sin\varphi}-2C\frac{\cos\varphi}{1+\sin\varphi} \tag{2-15}$$

结合式(2-13)和式(2-14),可以得到:

$$\frac{d\sigma_r}{dr}+\frac{2\sigma_r\sin\varphi}{r(1+\sin\varphi)}+\frac{2C\cos\varphi}{r(1+\sin\varphi)}=0 \tag{2-16}$$

记

$$\frac{2\sin\varphi}{1+\sin\varphi}=A,\qquad \frac{2C\cos\varphi}{1+\sin\varphi}=B \tag{2-17}$$

将式(2-16)化简为:

$$\frac{d\sigma_r}{dr}+A\frac{\sigma_r}{r}+\frac{B}{r}=0 \tag{2-18}$$

上式是一阶线性微分方程。

对一阶线性微分方程可求解出相对应的齐次方程通解,然后根据通解计算得到其特解。式(2-18)相应的齐次方程可表示为:

$$\frac{d\sigma_r}{dr}+A\frac{\sigma_r}{r}=0 \tag{2-19}$$

分离变量解齐次方程式(2-18),可得:

$$\sigma_r = Dr^{-A} \tag{2-20}$$

式中，D 为积分常数。

得到相应的齐次方程解，再根据式(2-18)，可得：

$$\sigma_r = -\frac{B}{A} + \frac{D_1}{r^A} \tag{2-21}$$

式中，D_1 表示积分常数，可利用边界条件确定。

根据边界条件可知，当 $\sigma_r = P$ 时，$r = R_u$，代入式(2-21)，得积分常数 D_1 为：

$$D_1 = \left(P + \frac{B}{A}\right) R_u^A \tag{2-22}$$

由式(2-17)，可得到：

$$\frac{B}{A} = C\cot\varphi \tag{2-23}$$

将式(2-22)和式(2-23)代入式(2-21)中，可以获得微分方程式(2-18)的解为：

$$\sigma_r = (P + C\cot\varphi)\left(\frac{R_u}{r}\right)^{\frac{2\sin\varphi}{1+\sin\varphi}} - C\cot\varphi \tag{2-24}$$

根据圆孔扩张的边界条件，将超孔隙水压力 P 及相应的孔径 R_u 代入屈服条件表达式(2-14)，能够获得塑性区的切向应力值，如下所示：

$$\sigma_\theta = \left[(P + C\cos\varphi)\left(\frac{R_u}{r}\right)^{\frac{2\sin\varphi}{1+\sin\varphi}} - C\cot\varphi\right] \cdot \frac{1-\sin\varphi}{1+\sin\varphi} - 2C\frac{\cos\varphi}{1+\sin\varphi} \tag{2-25}$$

在圆孔扩张过程中，圆孔扩张后体积变化等于弹性区与塑性区体积变化之和，可以得到：

$$\pi(R_u^2 - R_0^2) = \pi R_p^2 - \pi(R_p - u_p)^2 + \pi(R_p^2 - R_u^2)\Delta \tag{2-26}$$

式中，Δ 为塑性区平均体积应变；u_p 为塑性区最大半径。

利用体积的变化，可以得到超孔隙水压力最终值 P 和塑性区最大半径 R_p。

展开式(2-26)，略去 u_p^2 项，得到下式：

$$R_u^2(1+\Delta) = 2u_p R_p + R_p^2\Delta + R_0^2 \tag{2-27}$$

将上式整理得到：

$$1 + \Delta = 2u_p \frac{R_p}{R_u^2} + \frac{R_p^2}{R_u^2}\Delta + \frac{R_0^2}{R_u^2} \tag{2-28}$$

当 $R = R_p$ 时，根据弹性区径向位移表达式(2-10)可得：

$$u_p = \frac{1+\nu}{E} R_p \sigma_r \tag{2-29}$$

由式(2-2)和式(2-3)可知，在塑性区交界处有：

$$\sigma_r + \sigma_\theta = 2\sigma_0 \tag{2-30}$$

将式(2-30)代入式(2-15)中，可得：

$$\sigma_r = \sigma_0(1+\sin\varphi) + C\cos\varphi \tag{2-31}$$

结合式(2-27)、式(2-29)和式(2-31)可得到 R_p 的表达式:

$$R_p=\sqrt{\frac{R_u^2(1+\Delta)-R_0^2}{[\sigma_0(1+\sin\varphi)+C\cos\varphi]/G+\Delta}} \tag{2-32}$$

假定圆孔扩张的初始半径为零,即为无初始孔的圆孔扩张,引入刚度指标 $I_r=G/\sigma_0(1+\sin\varphi)+C\cos\varphi$,即可得到 R_p 的表达式:

$$R_p=\sqrt{\frac{I_r(1+\Delta)}{1+I_r\Delta}}\cdot R_u \tag{2-33}$$

将式(2-32)代入式(2-24)中,得到圆孔内压为:

$$P=[\sigma_0(1+\sin\varphi)+C\cos\varphi+C\cot\varphi]\cdot\left\{\frac{1+\Delta-R_0^2/R_u^2}{[\sigma_0(1+\sin\varphi)+C\cos\varphi]/G+\Delta}\right\}^{\frac{2\sin\varphi}{1+\sin\varphi}}-C\cos\varphi \tag{2-34}$$

将楔形桩几何关系代入式(2-32)和式(2-34),能够获得楔形桩沉桩结束后桩身任意位置处塑性区半径 r_p 以及桩孔内压 P_h 的表达式:

$$r_p=\sqrt{\frac{\left[R_u-\frac{(R_u-R_0)h}{L}\right]^2(1+\Delta)-R^2}{[k\gamma h(1+\sin\varphi+C\cos\varphi)]/G+\Delta}} \tag{2-35}$$

$$P_h=[k\gamma h(1+\sin\varphi)+C(\cos\varphi+\cot\varphi)]\cdot$$

$$\left(\left\{1+\Delta-\frac{R_0^2}{[R_u-(R_u-R_0)h]^2/L^2}\right\}\cdot\left[\frac{k\gamma h(1+\sin\varphi+C\cos\varphi)}{G}+\Delta\right]\right)^{\frac{\sin\varphi}{1+\sin\varphi}}-C\cos\varphi \tag{2-36}$$

式中,k 表示侧向土压力系数;λ 表示土体的重度。

依照平面应变假定,对遵从 Mohr-Coulomb 屈服准则的理想弹塑性材料,可以获得弹性区锥形管桩应力增量的解析式为:

$$\begin{cases}\Delta\sigma_r=C_u\ (R_p/r)^2\\ \Delta\sigma_\theta=-C_u\ (R_p/r)^2\\ \Delta\sigma_z=0\end{cases} \tag{2-37}$$

式中,C_u 为锥形管桩土体的不排水抗剪强度,此时土的泊松比 $\mu=0.5$。

同理可以得到锥形管桩塑性区应力增量表达式为:

$$\begin{cases}\Delta\sigma_r=2C_u\ln(R_p/r)+C_u\\ \Delta\sigma_\theta=2C_u\ln(R_p/r)-C_u\\ \Delta\sigma_z=4\mu C_u\ln(R_p/r)+(2\mu-1)q\end{cases} \tag{2-38}$$

式中,q 为土体初始有效应力。

2)锥形管桩沉桩过程中弹性阶段桩周土体位移解

将式(2-37)代入式(2-29)中,得到弹性阶段土体位移解 u_r^e 为:

$$u_r^e=\frac{(1+\mu)R_0^2p_0}{E}\frac{}{r}=\frac{(1+\mu)}{E}\left(\frac{R_p}{r}\right)^2rC_u \tag{2-39}$$

3)锥形管桩沉桩过程中塑性阶段桩周土体位移解

将式(2-33)、式(2-38)代入式(2-29)中,得到塑性阶段任意半径处土体位移解 u_r^{p} 为:

$$u_r^{\mathrm{p}}=R_{\mathrm{u}}\left[2C_{\mathrm{u}}\ln\left(\frac{R_{\mathrm{p}}}{r}\right)+C_{\mathrm{u}}\right]\frac{(1+\mu)}{E}\sqrt{\frac{(1+\Delta)-R_0^2}{[\sigma_0(1+\sin\varphi)+C\cos\varphi]/G+\Delta}} \tag{2-40}$$

桩周土体进入塑性区之后,弹性区的应力发生改变,可在式(2-6)和式(2-7)中引入应力调整系数 λ,即得到:

$$\sigma_r^{\mathrm{e}}=\sigma_0+\frac{\lambda}{r^2} \tag{2-41}$$

$$\sigma_\theta^{\mathrm{e}}=\sigma_0-\frac{\lambda}{r^2} \tag{2-42}$$

式中,σ_r^{e}、$\sigma_\theta^{\mathrm{e}}$ 分别为考虑应力分布的弹性区的径向应力和切向应力。

由于在弹塑性交界处,应力具有连续性,因此根据式(2-31)和式(2-41)可得到:

$$\lambda=(\sigma_0\sin\varphi+C\cos\varphi)R_{\mathrm{p}}^2 \tag{2-43}$$

根据式(2-29)中所给出的 R_{p} 表达式以及式(2-36)中 λ 的表达式,可以将式(2-41)、式(2-42)改写成:

$$\begin{aligned}\sigma_r^{\mathrm{e}}&=\sigma_0+\frac{\lambda}{r^2}\\&=\sigma_0+\frac{1}{r^2}(\sigma_0\sin\varphi+C\cos\varphi)R_{\mathrm{p}}^2\\&=\sigma_0+\frac{1}{r^2}(\sigma_0\sin\varphi+C\cos\varphi)\left\{\sqrt{\frac{R_{\mathrm{u}}^2(1+\Delta)-R_0^2}{[\sigma_0(1+\sin\varphi)+C\cos\varphi]/G+\Delta}}\right\}^2\\&=\sigma_0+\frac{1}{r^2}(\sigma_0\sin\varphi+C\cos\varphi)\frac{R_{\mathrm{u}}^2(1+\Delta)-R_0^2}{[\sigma_0(1+\sin\varphi)+C\cos\varphi]/G+\Delta}\end{aligned} \tag{2-44}$$

同理可以得到 $\sigma_\theta^{\mathrm{e}}$ 的表达式:

$$\sigma_\theta^{\mathrm{e}}=\sigma_0-\frac{\lambda}{r^2}=\sigma_0-\frac{1}{r^2}(\sigma_0\sin\varphi+C\cos\varphi)\frac{R_{\mathrm{u}}^2(1+\Delta)-R_0^2}{[\sigma_0(1+\sin\varphi)+C\cos\varphi]/G+\Delta} \tag{2-45}$$

因此,弹性区的位移 u_r^{e} 可以表达为:

$$u_r^{\mathrm{e}}=\frac{1+\nu}{E}r\sigma_r^{\mathrm{e}}=\frac{1+\nu}{E}r\cdot\left\{\sigma_0+\frac{1}{r^2}(\sigma_0\sin\varphi+C\cos\varphi)\frac{R_{\mathrm{u}}^2(1+\Delta)-R_0^2}{[\sigma_0(1+\sin\varphi)+C\cos\varphi]/G+\Delta}\right\} \tag{2-46}$$

4)桩周土体超孔隙水压力的分布

从弹性区的应力表达式中可以看出弹性区的应力为0,相应的超孔隙水压力值也为0。可以从塑性区的应力表达式[式(2-44)与式(2-45)]中得到超孔隙水压力的变化值 Δu:

$$
\begin{aligned}
\Delta u &= \frac{\Delta\sigma_r^{\mathrm{p}}+\Delta\sigma_\theta^{\mathrm{p}}}{2} \\
&= \frac{1}{2}\left\{(P+C\cos\varphi)\left(\frac{R_{\mathrm{u}}}{r}\right)^{\frac{2\sin\varphi}{1+\sin\varphi}}-C\cot\varphi+\left[(P+C\cos\varphi)\left(\frac{R_{\mathrm{u}}}{r}\right)^{\frac{2\sin\varphi}{1+\sin\varphi}}-C\cot\varphi\right]\cdot\frac{1-\sin\varphi}{1+\sin\varphi}-2C\frac{\cos\varphi}{1+\sin\varphi}\right\} \\
&= \frac{1}{2}\left[(P+C\cos\varphi)\left(\frac{R_{\mathrm{u}}}{r}\right)^{\frac{2\sin\varphi}{1+\sin\varphi}}-C\cot\varphi\right]\left(1+\frac{1-\sin\varphi}{1+\sin\varphi}\right)-2C\frac{\cos\varphi}{1+\sin\varphi} \\
&= \frac{1}{1+\sin\varphi}\left[(P+C\cos\varphi)\left(\frac{R_{\mathrm{u}}}{r}\right)^{\frac{2\sin\varphi}{1+\sin\varphi}}-C\cot\varphi\right]-C\frac{\cos\varphi}{1+\sin\varphi}
\end{aligned}
\tag{2-47}
$$

2.3　有孔柱形管桩沉桩机制分析

2.3.1　基本假定

对圆孔扩张作出以下假定：

①土体为均匀的、不可压缩的以及各向同性的理想弹塑性材料，不计其体力。

②不考虑土体颗粒之间的影响，土体满足 Mohr-Coulomb 屈服强度准则。

③将圆孔扩张问题看成是平面轴对称问题。

④沉桩过程中不考虑桩尖处的土体的位移变化，且该过程中水的渗流遵循达西定律。

⑤在时间 T_1 内，影响系数 k_1 与静压有孔柱形管桩的管桩内腔土体体积成正比；当超过 T_1 后，管桩的桩身小孔被土体填塞满且不再发生变化，土体体积保持不变。

从上述基本假定，可以得到静压有孔柱形管桩为平面应变轴对称问题。如图 2-2 所示，当压力 P 增大时，圆柱孔区域将由弹性区进入塑性区，且塑性区范围随着压力 P 值的增大而逐渐扩张。

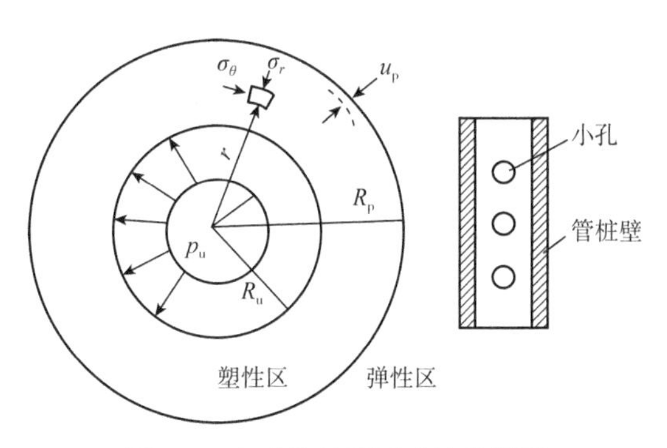

图 2-2　有孔管桩的圆孔扩张模型

R_{u}-圆孔扩张后的最终半径；R_{p}-塑性区最大半径；p_{u}-圆孔扩张的最终压力值；r-距圆孔扩张桩轴中心的距离；σ_r-由挤土引起的径向应力；σ_θ-由挤土引起的切向应力；u_{p}-塑性区边界的径向位移

2.3.2　圆柱孔扩张问题塑性区最大半径的确定

圆柱孔扩张问题的基本方程如下[101]：

平面应变轴对称问题的平衡微分方程：

$$\frac{\mathrm{d}\sigma_r}{\mathrm{d}r}+\frac{\sigma_r-\sigma_\theta}{r}=0 \tag{2-48}$$

几何方程：

$$\varepsilon_r=\frac{\mathrm{d}u_r}{\mathrm{d}r} \tag{2-49}$$

$$\varepsilon_\theta=\frac{u_r}{r} \tag{2-50}$$

弹性阶段的本构方程为广义胡克定律：

$$\varepsilon_r=\frac{1-\mu^2}{E}\left(\sigma_r-\frac{\mu}{1-\mu}\sigma_\theta\right) \tag{2-51}$$

$$\varepsilon_\theta=\frac{1-\mu^2}{E}\left(\sigma_\theta-\frac{\mu}{1-\mu}\sigma_r\right) \tag{2-52}$$

Tresca 材料屈服准则表达式为：

$$\sigma_r-\sigma_\theta=2K \tag{2-53}$$

Mohr-Coulomb 屈服条件为：

$$(\sigma_r-\sigma_\theta)=(\sigma_r+\sigma_\theta)\sin\varphi+2C\cos\varphi \tag{2-54}$$

式中，ε_r、ε_θ 分别表示土体的径向应变和切向应变；u_r 表示土体的径向位移；μ 表示土的泊松比；E 表示土的弹性模量；K 表示 Tresca 常数；C 表示土的黏聚力；φ 表示土的内摩擦角。

由于 Mohr-Coulomb 材料塑性体积应变不等于 0，因此，弹性区体积变化与时间 T_1 内塑性区小孔土体体积变化之和等于圆柱孔扩张后体积变化，其中时间 T_1 内小孔土体体积变化包括塞满小孔的土体体积和进入内腔的土体体积两部分。圆柱孔扩张模型如图 2-2 所示。

由圆孔扩张前后体积变化可得：

$$\pi R_u^2L-\pi R_0^2L=\pi R_p'^2L-\pi(R_p'-u_p')^2L+\left(N\cdot\frac{\pi d_1^2}{4}t+K_1T_1\right)+\pi(R_p'^2-R_u^2)L\Delta \tag{2-55}$$

式中，L 表示桩长；R_p' 表示 T_1 时间内任一时刻的塑性区最大半径；u_p' 表示 T_1 时间内任一时刻的塑性区边界径向位移；N 表示桩身开孔的数量；d_1 表示有孔柱形管桩的桩壁开孔直径；t 表示有孔柱形管桩壁厚；K_1 表示土体体积的影响系数；T_1 表示土体体积变化的时间；Δ 表示塑性区土体平均体积应变。

考虑到 u_p 平方项非常小，可忽略不计，简化式(2-54)得：

$$(1+\Delta)-\left(\frac{R_0}{R_u}\right)^2=2u_p'\frac{R_p'}{R_u^2}+\left(\frac{R_p'}{R_u}\right)^2\Delta+\frac{Nd_1^2\delta}{4R_u^2L}+\frac{K_1T_1}{\pi R_u^2L} \tag{2-56}$$

假设圆孔扩张前初始半径 $R_0=0$，令 $V_k=N\cdot\frac{d_1^2}{4L}\cdot t+\frac{K_1T_1}{\pi L}$，则：

$$(1+\Delta)-\left(\frac{R_p'}{R_u}\right)^2\Delta=2u_p'\frac{R_p'}{R_u^2}+\frac{V_k}{R_u^2} \tag{2-57}$$

考虑土中初始有效应力 q，即为：

$$u_p'=\frac{(1+\mu)}{E}R_p'(\sigma_\theta-q) \tag{2-58}$$

根据式(2-55)、式(2-57)和式(2-58),可得:

$$\left(\frac{R'_{\mathrm{p}}}{R_{\mathrm{u}}}\right)^2=\frac{1+\Delta-(V_k/R_{\mathrm{u}}^2)}{2(1+\mu)(C\cos\varphi-q)/E+\Delta} \tag{2-59}$$

引入刚度指标 I'_r:

$$I'_r=\frac{E}{2(1+\mu)(C\cos\varphi-q)}$$

则式(2-59)可简化为:

$$R'_{\mathrm{p}}=\sqrt{\frac{I'_r(1+\Delta-V_k/R_{\mathrm{u}}^2)}{1+I'_r\Delta}}\cdot R_{\mathrm{u}} \tag{2-60}$$

2.3.3　有孔柱形管桩圆孔扩张问题的应力解

影响管桩开孔处的径向应力增量 $|\Delta\sigma_k|$ 的因素很多,包括管桩桩径 D_1、开孔总数 N、小孔竖向间距 h'、管桩壁厚 δ、开孔孔径 d_1 以及小孔的开孔方式 η。管桩开孔处的径向应力增量 $|\Delta\sigma_k|$ 可以当作是土体应力沿径向的减小量,故在考虑 $|\Delta\sigma_k|$ 的影响下,得到 $|\Delta\sigma_k|$ 的表达式为[60]:

$$|\Delta\sigma_k|=\frac{N\eta\delta d_1^2}{h'D_1^2}\Delta\sigma_r \tag{2-61}$$

1)有孔柱形管桩圆孔扩张问题的弹性解

在平面应变状态下,静压有孔柱形管桩弹性区域的应力增量解($\Delta\sigma_{r1}$、$\Delta\sigma_{\theta1}$、$\Delta\sigma_{z1}$)可以表示为[60]:

$$\begin{cases}\Delta\sigma_{r1}=C_{\mathrm{u1}}(R'_{\mathrm{p}}/r)^2\\ \Delta\sigma_{\theta1}=-C_{\mathrm{u1}}(R'_{\mathrm{p}}/r)^2\\ \Delta\sigma_{z1}=0\end{cases} \tag{2-62}$$

式中,C_{u1} 为有孔柱形管桩土体不完全排水抗剪强度,此时 $0<\mu\leqslant0.5$。

2)有孔柱形管桩圆孔扩张问题的塑性解

同理可得到有孔柱形管桩弹性区的应力增量表达式为[60]:

$$\begin{cases}\Delta\sigma_{r1}=2C_{\mathrm{u1}}\ln(R'_{\mathrm{p}}/r)-|\Delta\sigma_k|+C_{\mathrm{u1}}\\ \Delta\sigma_{\theta1}=2C_{\mathrm{u1}}\ln(R'_{\mathrm{p}}/r)-|\Delta\sigma_k|-C_{\mathrm{u1}}\\ \Delta\sigma_{z1}=4\mu C_{\mathrm{u1}}\ln(R'_{\mathrm{p}}/r)-2\mu|\Delta\sigma_k|+(2\mu-1)q\end{cases} \tag{2-63}$$

3)有孔柱形管桩沉桩过程中桩周土体位移解

将式(2-62)代入式(2-9)可得静压有孔柱形管桩弹性阶段土体位移解为:

$$u_r^{\mathrm{e}}=\frac{(1+\mu)}{E}\left(\frac{R'_{\mathrm{p}}}{r}\right)^2 rC_{\mathrm{u1}} \tag{2-64}$$

在忽略土体的初始应力的情况下,将式(2-60)、式(2-42)代入式(2-29),得到塑性区任意时刻土体位移为:

$$u_r^{\mathrm{p}\prime}=\frac{(1+\mu)}{E}\left[2C_{\mathrm{u1}}\ln\left(\frac{R'_{\mathrm{p}}}{r}\right)+C_{\mathrm{u1}}-|\Delta\sigma_k|\right]\sqrt{\frac{I'_rR_{\mathrm{u}}(1+\Delta)-V_k}{1+I'_r\Delta}} \tag{2-65}$$

2.4 锥形-有孔柱形组合管桩圆孔扩张问题的空间应力解

根据大量实测资料,锥形-有孔柱形组合管桩不断贯入土中时,有必要考虑桩的下沉深度对超孔隙水压力的影响。

根据极限平衡理论,桩侧侧压力 P_z 和侧摩阻力 τ_z 都随沉桩深度的增加而逐渐增大,表达式如下[99]:

$$P_z=P_0+\frac{P_L-P_0}{L}z=P_0+K_p\gamma'z \tag{2-66}$$

$$\tau_z=-\tau_0-\frac{\tau_L-\tau_0}{L}z=C_a+K_p\gamma'z\tan\varphi_a \tag{2-67}$$

式中,P_0 为桩侧顶部侧向压力;P_L 为桩侧端部侧向压力;L 为桩长;z 为深度;K_p 为被动土压力系数,$K_p=\tan^2\left(45°+\frac{\varphi}{2}\right)$;$\gamma'$为有效重度;$\tau_0$ 为桩侧顶部摩擦力;τ_L 为桩侧端部摩擦力;C_a 为桩土界面黏聚力;φ_a 为桩土界面摩擦角。

根据弹性力学,在桩体沉桩贯入土中时,要满足下列空间轴对称平衡微分方程组[48]:

$$\frac{\partial\sigma_r}{\partial r}+\frac{\partial\tau_{rz}}{\partial z}+\frac{\sigma_r-\sigma_\theta}{r}=0 \tag{2-68}$$

$$\frac{\partial\tau_{rz}}{\partial r}+\frac{\partial\sigma_z}{\partial z}+\frac{\tau_{rz}}{r}=\gamma \tag{2-69}$$

2.4.1 锥形管桩空间应力解析

1) 弹性区

为了得到锥形管桩弹性区的应力,忽略体力 γ 的影响,选择适当的函数关系式 $\phi=Az^2\ln r+Bz\ln r$,代入 $\nabla^4\phi=0$,满足要求,即可得到锥形管桩弹性区空间应力解[46]:

$$\sigma_r=\frac{2Az_1}{r^2}+\frac{B}{r^2} \tag{2-70}$$

$$\sigma_\theta=-\frac{2Az_1}{r^2}-\frac{B}{r^2} \tag{2-71}$$

$$\sigma_z=0 \tag{2-72}$$

同时,对于满足 Mohr-Coulomb 屈服准则的理想弹塑性材料,其弹性区空间应力表达式为[60]:

$$\sigma_r=\frac{k_0\gamma z_1R_p^2\sin\varphi+CR_p^2\cos\varphi}{r^2}+k_0\gamma z_1 \tag{2-73}$$

$$\sigma_\theta=k_0\gamma z_1-\frac{k_0\gamma z_1R_p^2\sin\varphi+CR_p^2\cos\varphi}{r^2} \tag{2-74}$$

$$\sigma_z = \gamma z_1 \tag{2-75}$$

式中，k_0 为土侧压力系数，一般可取 $k_0 = 1-\sin\varphi$；z_1 为锥形段入土深度；σ_z 为土体在沉桩深度处的自重应力。

2）塑性区

根据极限平衡理论，将式（2-66）、式（2-67）代入式（2-69），可以得到塑性区空间应力解：

$$\sigma_r = \frac{1}{L}\left[(P_L - P)\left(\frac{R_u}{r}\right)^{\frac{2\sin\varphi}{1+\sin\varphi}} \cdot z_1 + (1+\sin\varphi) R_u \frac{\tau_L - \tau_0}{2L\sin\varphi} - C\cot\varphi\right] \tag{2-76}$$

$$\sigma_\theta = (1-\sin\varphi)\left[\frac{P_L - P_0}{L} \cdot \frac{z_1\left(\frac{R_u}{r}\right)^{\frac{2\sin\varphi}{1+\sin\varphi}}}{1+\sin\varphi} + \frac{\tau_L - \tau_0}{L} \cdot \frac{R_u}{2\sin\varphi}\right] - C\left(\cot\varphi + \frac{2\cos\varphi}{1+\sin\varphi}\right) \tag{2-77}$$

$$\tau_{rz} = -\frac{\tau_L - \tau_0}{L} \cdot \frac{R_u}{r} \cdot z_1 - \tau_0 \tag{2-78}$$

$$\sigma_z = \left(1 + \frac{\tau_0}{\gamma r}\right)\gamma z_1 \tag{2-79}$$

2.4.2　有孔柱形管桩空间应力解析

1）弹性区

当考虑管桩开孔时，考虑应力减少量 $|\Delta\sigma_k|$，有孔柱形管桩在静压贯入过程中弹性区产生的应力增量可表示为：

$$\Delta\sigma_{r1} = \frac{2Az_2}{r^2} + \frac{B}{r^2} - |\Delta\sigma_k| \tag{2-80}$$

式中，z_2 为柱形段入土深度。

$$\Delta\sigma_{\theta 1} = -\left(\frac{2Az_2}{r^2} + \frac{B}{r^2}\right) - |\Delta\sigma_k| \tag{2-81}$$

$$\Delta\sigma_{z1} = 0 \tag{2-82}$$

则应力 σ_{r1}、$\sigma_{\theta 1}$ 和 σ_{z1} 的表达式为：

$$\sigma_{r1} = \frac{2Az_2}{r^2} + \frac{B}{r^2} + q - |\Delta\sigma_k| \tag{2-83}$$

$$\sigma_{\theta 1} = -\left(\frac{2Az_2}{r^2} + \frac{B}{r^2}\right) + q - |\Delta\sigma_k| \tag{2-84}$$

$$\sigma_{z1} = \gamma z_2 \tag{2-85}$$

式中，$A = \frac{k_0 \gamma \sin\varphi}{2} R_p'^2$；$B = (C\cos\varphi - |\Delta\sigma_k|\sin\varphi) R_p'^2$；$q = k_0 \gamma z$。

将式（2-61）代入式（2-83）～式（2-85）中，可以得到有孔柱形管桩弹性区空间应力增量为：

$$\Delta\sigma_{r1}=\frac{h'D_1^2(k_0\gamma z_2\sin\varphi+C\cos\varphi)R_p'^2}{h'D_1^2r^2+N\eta\delta d_1^2(r^2+R_p'^2\sin\varphi)} \tag{2-86}$$

$$\Delta\sigma_{\theta1}=(h'D_1^2+2N\eta\delta d_1^2)(k_0\gamma z_2\sin\varphi+C\cos\varphi)R_p'^2\cdot\frac{N\eta\delta d_1^2R_p'^2\sin\varphi-(R_p'^2\sin\varphi+r^2)(r^2+N\eta\delta d_1^2)}{(r^2+R_p'^2\sin\varphi)(h'D_1^2r^2+N\eta\delta d_1^2r^2)^2} \tag{2-87}$$

$$\Delta\sigma_{z1}=0 \tag{2-88}$$

2)塑性区

同理,塑性区产生的应力增量为:

$$\Delta\sigma_{r1}=\frac{h'D_1^2}{h'D_1^2+N\eta\delta d_1^2}\left[\frac{P_L-P_0}{L}\cdot\left(\frac{R_u}{r}\right)^{\frac{2\sin\varphi}{1+\sin\varphi}}z_2\right] \tag{2-89}$$

$$\Delta\sigma_{\theta1}=\frac{P_L-P_0}{L}\cdot\left(\frac{R_u}{r}\right)^{\frac{2\sin\varphi}{1+\sin\varphi}}\cdot z_2\left(\frac{1-\sin\varphi}{1+\sin\varphi}-\frac{N\eta\delta d_1^2}{h'D_1^2+N\eta\delta d_1^2}\right)-\frac{(1+\sin\varphi)(\tau_L-\tau_0)-2CR_uL\cos\varphi}{L(1+\sin\varphi)} \tag{2-90}$$

$$\Delta\sigma_{z1}=\frac{\tau_0z_2}{r} \tag{2-91}$$

2.4.3 锥形-有孔柱形组合管桩空间应力解析

1)弹性区

根据式(2-73)~式(2-75)与式(2-86)~式(2-88)可以得到锥形-有孔柱形组合管桩沉桩贯入过程中弹性区产生的应力增量为:

$$\sigma_r=(k_0\gamma z_1\sin\varphi+C\cos\varphi)\left(\frac{R_p}{r}\right)^2+k_0\gamma z_1+\frac{h'D_1^2(k_0\gamma z_2\sin\varphi+C\cos\varphi)R_p'^2}{h'D_1^2r^2+N\eta\delta d_1^2(r^2+R_p'^2\sin\varphi)} \tag{2-92}$$

$$\sigma_\theta=-(k_0\gamma z_1\sin\varphi+C\cos\varphi)\left(\frac{R_p}{r}\right)^2+k_0\gamma z_1+\frac{(h'D_1^2+2N\eta\delta d_1^2)(k_0\gamma z_2\sin\varphi+C\cos\varphi)R_p'^2}{h'D_1^2r^2+N\eta\delta d_1^2r^2}\cdot\left[\frac{N\eta\delta d_1^2R_p'^2\sin\varphi}{(r^2+R_p'^2\sin\varphi)(h'D_1^2r^2+N\eta\delta d_1^2)}-1\right] \tag{2-93}$$

$$\sigma_z=\gamma z_1 \tag{2-94}$$

2)塑性区

同理,可以得到锥形-有孔柱形组合管桩沉桩贯入过程中塑性区产生的应力增量为:

$$\sigma_r=\frac{P_L-P_0}{L}\left(\frac{R_u}{r}\right)^{\frac{2\sin\varphi}{1+\sin\varphi}}\left(z_1+\frac{z_2h'D_1^2}{h'D_1^2+N\eta\delta d_1^2}\right)-C\cot\varphi+\frac{\tau_L-\tau_0}{L}\cdot\frac{1+\sin\varphi}{2\sin\varphi}R_u \tag{2-95}$$

$$\sigma_\theta=\frac{P_L-P_0}{L}\cdot\frac{1-\sin\varphi}{1+\sin\varphi}\cdot\left(\frac{R_u}{r}\right)^{\frac{2\sin\varphi}{1+\sin\varphi}}(z_1+z_2)-C\left(\cot\varphi+\frac{2\cos\varphi}{1+\sin\varphi}\right)+\frac{\tau_L-\tau_0}{L}\cdot\frac{1-\sin\varphi}{2\sin\varphi}R_u-$$

$$\frac{N\eta\delta d_1^2}{h'D_1^2+N\eta\delta d_1^2}\cdot\frac{P_L-P_0}{L}\left(\frac{R_u}{r}\right)^{\frac{2\sin\varphi}{1+\sin\varphi}}z_2 \tag{2-96}$$

$$\sigma_z=\gamma z_1+\frac{\tau_0}{r}(z_1+z_2) \tag{2-97}$$

2.5　本章小结

本章在已有研究成果基础上，运用圆孔扩张理论，探讨锥形-有孔柱形组合管桩静压沉桩过程所引起的挤土效应，分别对有孔柱形管桩和锥形管桩的空间应力进行理论推导，得到锥形-有孔柱形组合管桩沉桩贯入过程中桩周土体的应力增量解和位移解。

第3章

锥形-有孔柱形组合管桩沉桩超孔隙水压力时空消散影响因素分析

3.1 引　　言

本章对锥形-有孔柱形组合管桩静压沉桩过程中超孔隙水压力时空消散的各种影响因素进行理论分析，了解超孔隙水压力时空消散分布规律。结合工程算例，对锥形-有孔柱形组合管桩静压沉桩超孔隙水压力消散进行计算，并分析其变化规律。

3.2 一般假定及基本公式

3.2.1 基本假定

在工程实际中，地基土体十分复杂，并不是匀质理想的弹塑性体，而且一旦被扰动，土体的初始平衡状态就会被破坏。锥形-有孔柱形组合管桩静压沉桩引起的超孔隙水压力时空消散的影响因素非常多，如径向距离、沉桩速度、沉桩深度以及开孔孔径等。为了推导出锥形-有孔柱形组合管桩静压沉桩超孔隙水压力与径向距离、沉桩速度、沉桩深度以及开孔孔径之间关系的解析解，提出以下几点假定：

①桩周土体颗粒均匀，且为不可压缩的理想土体。

②不考虑土体颗粒间气体的影响，且土体满足 Mohr-Coulomb 屈服准则。

③沉桩过程中水的渗流符合达西定律，且忽略桩尖处土体的位移变化。

④在圆孔扩张过程中，土体存在各向同性的有效应力。

3.2.2 超孔隙水压力的一般计算公式

众所周知，土体内由于静压沉桩产生的超孔隙压力之所以会上升，是因为管桩在静压沉桩贯入土体的过程中要排开入土管桩同体积的土体，因此对桩周土体产生侧向挤压力，从而破坏了原土体内部的初始平衡，致使在沉桩过程中所引起的超孔隙水压力发生很大变化，从而引起土体内的水压力上升。目前，超孔隙水压力理论计算使用最多的是 Vesic 提出的 Henkel 公式，其主要的表达式如下[48]：

$$\Delta u=\beta\Delta\sigma_{\mathrm{oct}}+\alpha_{\mathrm{f}}\Delta\tau_{\mathrm{oct}} \tag{3-1}$$

$$\alpha_{\mathrm{f}}=0.707(3A_{\mathrm{f}}-1) \tag{3-2}$$

$$\Delta\sigma_{\text{oct}}=\frac{1}{3}(\Delta\sigma_r+\Delta\sigma_\theta+\Delta\sigma_z) \tag{3-3}$$

$$\Delta\tau_{\text{oct}}=\frac{1}{3}\sqrt{(\Delta\sigma_r-\Delta\sigma_\theta)^2+(\Delta\sigma_z-\Delta\sigma_\theta)^2+(\Delta\sigma_r-\Delta\sigma_z)^2} \tag{3-4}$$

式中，β、α_{f} 表示 Henkel 孔隙水压力参数（不同的土体对应的参数值是不一样的，对于饱和土，$\beta=1$）；$\Delta\sigma_{\text{oct}}$、$\Delta\tau_{\text{oct}}$分别表示八面体的正应力增量和剪应力增量；$\Delta\sigma_r$、$\Delta\sigma_\theta$、$\Delta\sigma_z$ 分别表示径向、切向和竖向应力增量；A_{f} 为 Skempton 孔隙水压力参数，其表达式如下：

$$A_{\text{f}}=\frac{q}{C_{\text{u}}}+\frac{1-\sin\varphi'}{2\sin\varphi'} \tag{3-5}$$

式中，φ'表示有效应力摩擦角。

A_{f} 的取值范围与土体本身的性质有关。对于一般正常固结土，A_{f} 取值范围为 0.7～1.3；对于灵敏土，A_{f} 取值范围为 1.5～2.5。

3.3　组合管桩超孔隙水压力时空消散与径向距离之间的关系

3.3.1　锥形管桩超孔隙水压力时空消散与径向距离之间的关系

将式(2-37)、式(2-38)代入式(3-3)、式(3-4)中可以得到：

①塑性区：

$$\Delta\sigma_{\text{oct}}=\frac{1}{3}(\Delta\sigma_r+\Delta\sigma_\theta+\Delta\sigma_z)=\frac{4C_{\text{u}}(1+\mu)\ln\left(\frac{R_{\text{p}}}{r}\right)}{3}+\frac{2\mu-1}{3}q \tag{3-6}$$

$$\begin{aligned}\Delta\tau_{\text{oct}}&=\frac{1}{3}\sqrt{(\Delta\sigma_r-\Delta\sigma_\theta)^2+(\Delta\sigma_z-\Delta\sigma_\theta)^2+(\Delta\sigma_r-\Delta\sigma_z)^2}\\&=\frac{1}{3}\left[32\mu C_{\text{u}}^2(\mu-1)\ln^2\left(\frac{R_{\text{p}}}{r}\right)+8C_{\text{u}}^2\ln^2\left(\frac{R_{\text{p}}}{r}\right)+8q(2\mu-1)^2C_{\text{u}}\ln\left(\frac{R_{\text{p}}}{r}\right)+2(2\mu-1)^2q^2+6C_{\text{u}}^2\right]^{\frac{1}{2}}\end{aligned} \tag{3-7}$$

②弹性区：

$$\Delta\sigma_{\text{oct}}=0 \tag{3-8}$$

$$\Delta\tau_{\text{oct}}=\frac{\sqrt{6}}{3}C_{\text{u}}\left(\frac{R'_{\text{p}}}{r}\right)^2 \tag{3-9}$$

将式(3-6)、式(3-7)和式(3-8)、式(3-9)分别代入式(3-1)中，得到锥形管桩塑性区和弹性区超孔隙水压力的表达式：

①塑性区：

$$\Delta u=\beta\Delta\sigma_{\text{oct}}+\alpha_{\text{f}}\Delta\tau_{\text{oct}}=\frac{4C_{\text{u}}(1+\mu)\ln\left(\frac{R_{\text{p}}}{r}\right)}{3}+\frac{2\mu-1}{3}q+\frac{\alpha_{\text{f}}}{3}\cdot\left[32\mu C_{\text{u}}^2(\mu-1)\ln^2\left(\frac{R_{\text{p}}}{r}\right)+\right.$$

$$8C_{\mathrm{u}}^{2}\ln^{2}\left(\frac{R_{\mathrm{p}}}{r}\right)+8q(2\mu-1)^{2}C_{\mathrm{u}}\ln\left(\frac{R_{\mathrm{p}}}{r}\right)+2(2\mu-1)^{2}q^{2}+6C_{\mathrm{u}}^{2}\Bigg]^{\frac{1}{2}} \tag{3-10}$$

②弹性区：

$$\Delta u=\beta\Delta\sigma_{\mathrm{oct}}+\alpha_{\mathrm{f}}\Delta\tau_{\mathrm{oct}}=\frac{\sqrt{6}}{3}\alpha_{\mathrm{f}}C_{\mathrm{u}}\left(\frac{R'_{\mathrm{p}}}{r}\right)^{2} \tag{3-11}$$

3.3.2　有孔柱形管桩超孔隙水压力时空消散与径向距离之间的关系

在 $\Delta\sigma_{k}$ 的作用下，可以忽略土体的初始应力 q。$|\Delta\sigma_{k}|$[60]可以表示为：

$$|\Delta\sigma_{k}|=\frac{N\eta\delta d_{1}^{2}}{h'D_{1}^{2}}\Delta\sigma_{r} \tag{3-12}$$

将式(3-12)代入式(2-62)、式(2-63)，得到平面应变状态下静压有孔柱形管桩的应力增量解，并将其代入式(3-3)、式(3-4)，可以得到：

①塑性区：

$$\Delta\sigma_{\mathrm{oct}}=\frac{1}{3}(\Delta\sigma_{r}+\Delta\sigma_{\theta}+\Delta\sigma_{z})=\frac{2\left[2(\mu+1)h'D_{1}^{2}C_{\mathrm{u1}}\ln\left(\frac{R'_{\mathrm{p}}}{r}\right)-(2\mu+1)N\eta\delta d_{1}^{2}C_{\mathrm{u1}}\right]}{3(h'D_{1}^{2}+N\eta\delta d_{1}^{2})}+\frac{2\mu-1}{3}q \tag{3-13}$$

$$\begin{aligned}\Delta\tau_{\mathrm{oct}}&=\frac{1}{3}\sqrt{(\Delta\sigma_{r}-\Delta\sigma_{\theta})^{2}+(\Delta\sigma_{z}-\Delta\sigma_{\theta})^{2}+(\Delta\sigma_{r}-\Delta\sigma_{z})^{2}}\\&=\frac{\sqrt{2}}{3}\Bigg\{\frac{4(4\mu^{2}-2\mu+1)(N\eta\delta d_{1}^{2})^{2}+3h'D_{1}^{2}(N\eta\delta d_{1}^{2}+h'D_{1}^{2})}{(h'D_{1}^{2}+N\eta\delta d_{1}^{2})^{2}}C_{\mathrm{u1}}^{2}+q^{2}(1-2\mu)^{2}+\\&\frac{C_{\mathrm{u1}}[(1-2\mu)(4\mu-1)N\eta\delta d_{1}^{2}]\left[h'D_{1}^{2}C_{\mathrm{u1}}\ln\left(\frac{R'_{\mathrm{p}}}{r}\right)+2q(h'D_{1}^{2}+N\eta\delta d_{1}^{2})\right]}{(h'D_{1}^{2}+N\eta\delta d_{1}^{2})^{2}}+\\&\frac{4(h'D_{1}^{2})(1-2\mu)^{2}C_{\mathrm{u1}}}{h'D_{1}^{2}+N\eta\delta d_{1}^{2}}\ln\left(\frac{R'_{\mathrm{p}}}{r}\right)\left[q+(h'D_{1}^{2}C_{\mathrm{u1}})\ln\left(\frac{R'_{\mathrm{p}}}{r}\right)\right]\Bigg\}^{\frac{1}{2}}\end{aligned} \tag{3-14}$$

②弹性区：

$$\Delta\sigma_{\mathrm{oct}}=0 \tag{3-15}$$

$$\Delta\tau_{\mathrm{oct}}=\frac{\sqrt{6}}{3}C_{\mathrm{u1}}\left(\frac{R'_{\mathrm{p}}}{r}\right)^{2} \tag{3-16}$$

将式(3-13)、式(3-14)和式(3-15)、式(3-16)分别代入式(3-1)，可以得到有孔柱形管桩塑性区与弹性区超孔隙水压力的计算公式：

①塑性区：

$$\begin{aligned}\Delta u=&\frac{2C_{\mathrm{u1}}}{3(h'D_{1}^{2}+N\eta\delta d_{1}^{2})}\left\{2(\mu+1)\left[h'D_{1}^{2}\ln\left(\frac{R'_{\mathrm{p}}}{r}\right)-N\eta\delta d_{1}^{2}\right]\right\}+\\&\frac{2\mu-1}{3}q+\frac{\sqrt{2}\alpha_{\mathrm{f}}}{3}\cdot\left\{\frac{6h'D_{1}^{2}(N\eta\delta d_{1}^{2}+h'D_{1}^{2})+8(4\mu^{2}-2\mu+1)(N\eta\delta d_{1}^{2})^{2}}{(h'D_{1}^{2}+N\eta\delta d_{1}^{2})^{2}}C_{\mathrm{u1}}^{2}+\right.\end{aligned}$$

$$\frac{C_{u1}[(1-2\mu)(4\mu-1)N\eta\delta d_1^2]\left[2q(h'D_1^2+N\eta\delta d_1^2)+h'D_1^2C_{u1}\ln\left(\frac{R'_p}{r}\right)\right]}{(h'D_1^2+N\eta\delta d_1^2)^2}+$$

$$\left.\frac{4(h'D_1^2)(1-2\mu)^2C_{u1}}{h'D_1^2+N\eta\delta d_1^2}\ln\left(\frac{R'_p}{r}\right)\left[q+(h'D_1^2C_{u1})\ln\left(\frac{R'_p}{r}\right)\right]+q^2(1-2\mu)^2\right\}^{\frac{1}{2}} \tag{3-17}$$

②弹性区：

$$\Delta u=\frac{\sqrt{6}}{3}\alpha_f C_{u1}\left(\frac{R'_p}{r}\right)^2 \tag{3-18}$$

3.3.3　组合管桩超孔隙水压力时空消散与径向距离之间的关系

对前面得到的锥形管桩和有孔柱形管桩的超孔隙水压力时空消散与径向距离之间的关系式(3-10)、式(3-17)和式(3-11)、式(3-18)进行整理，可以得到塑性区和弹性区锥形-有孔柱形组合管桩超孔隙水压力时空消散与径向距离之间的关系：

①塑性区：

$$\Delta u=\frac{4C_u(1+\mu)\ln\left(\frac{R_p}{r}\right)}{3}+\frac{2(2\mu-1)}{3}q+\frac{\alpha_f}{3}\left[32\mu C_u^2(\mu-1)\ln^2\left(\frac{R_p}{r}\right)+8C_u^2\ln^2\left(\frac{R_p}{r}\right)+8q(2\mu-1)^2C_u\ln\left(\frac{R_p}{r}\right)+\right.$$

$$\left.2(2\mu-1)^2q^2+6C_u^2\right]^{\frac{1}{2}}+\frac{2C_{u1}}{3(h'D_1^2+N\eta\delta d_1^2)}\left[2(\mu+1)h'D_1^2\ln\left(\frac{R'_p}{r}\right)-(2\mu+1)N\eta\delta d_1^2\right]+$$

$$\frac{\sqrt{2}\alpha_f}{3}\left\{\frac{3h'D_1^2(N\eta\delta d_1^2+h'D_1^2)+4(4\mu^2-2\mu+1)(N\eta\delta d_1^2)^2}{(h'D_1^2+N\eta\delta d_1^2)^2}C_{u1}^2+\right.$$

$$\frac{C_{u1}[(1-2\mu)(4\mu-1)N\eta\delta d_1^2]\left[2q(h'D_1^2+N\eta\delta d_1^2)+h'D_1^2C_{u1}\ln\left(\frac{R'_p}{r}\right)\right]}{(h'D_1^2+N\eta\delta d_1^2)^2}+$$

$$\left.\frac{4(h'D_1^2)(1-2\mu)^2C_{u1}}{h'D_1^2+N\eta\delta d_1^2}\ln\left(\frac{R'_p}{r}\right)\left[q+h'D_1^2C_{u1}\ln\left(\frac{R'_p}{r}\right)\right]+q^2(1-2\mu)^2\right\}^{\frac{1}{2}} \tag{3-19}$$

②弹性区：

$$\Delta u=\frac{\sqrt{6}}{3}\alpha_f\left[C_{u1}\left(\frac{R'_p}{r}\right)^2+C_u\left(\frac{R_p}{r}\right)^2\right] \tag{3-20}$$

在弹性与塑性交界处，可将锥形-有孔柱形组合管桩全部视为无孔组合管桩，此时开孔数$N=0$，根据边界条件可知，位移增量$\Delta=0$，土体内摩擦角为0°，此时$C_{u1}=C_u$，$R'_p=R_p$，$\mu=0.5$，代入式(3-19)、式(3-20)可以得到：

①塑性区：

$$\Delta u=4C_u\ln\left(\frac{R_p}{r}\right)+\frac{\sqrt{6}}{3}\alpha_f C_u \tag{3-21}$$

②弹性区：

$$\Delta u=\frac{2\sqrt{6}}{3}\alpha_{\mathrm{f}}C_{\mathrm{u}}\left(\frac{R_{\mathrm{p}}}{r}\right)^{2} \tag{3-22}$$

然后根据式(2-60)、式(2-33)可以得到：

$$\frac{R_{\mathrm{p}}}{R_{\mathrm{u}}}=\sqrt{\frac{I'_{r}\left(1+\Delta-\dfrac{V_{k}}{R_{\mathrm{u}}^{2}}\right)}{1+I_{r}\Delta}}+\sqrt{\frac{I_{r}(1+\Delta)}{1+I_{r}\Delta}} \tag{3-23}$$

将式(3-20)用 R_{u} 表示为：

$$\Delta u=\frac{\sqrt{6}}{3}\alpha_{\mathrm{f}}C_{\mathrm{u1}}\cdot\frac{I'_{r}\left(1+\Delta-\dfrac{V_{k}}{R_{\mathrm{u}}^{2}}\right)}{1+I'_{r}\Delta}\cdot\left(\frac{R_{\mathrm{u}}}{r}\right)^{2}+\frac{\sqrt{6}}{3}\alpha_{\mathrm{f}}C_{\mathrm{u}}\frac{I_{r}(1+\Delta)}{1+I'_{r}\Delta}\cdot\left(\frac{R_{\mathrm{u}}}{r}\right)^{2} \tag{3-24}$$

3.4 组合管桩超孔隙水压力时空消散与沉桩速度之间的关系

很多与超孔隙水压力时空消散有关的试验显示[51]，管桩静压沉桩过程中超孔隙水压力的大小不但与径向距离有关，还和桩体沉桩速度有很大的关系。众所周知，如果管桩静压沉桩过程中沉桩速度过快，土体中的水在短时间内不易被排出，将会产生很大的水压力，会使施工难度加大，浪费时间和精力，可能延误施工进程；若沉桩速度过于缓慢，将会使得沉桩过程中土体发生再固结，导致桩的下沉难度变大，同样会延误施工进程。

通常用 v_z 表示沉桩速度，用 q_0 表示弹塑性区交界处的偏应力，用 G_0 表示交界处的剪切模量。若桩靴角度为 φ'，扩张速度为 v，则可表示为 $v_z=v\tan\varphi'$，扩张速度 $v^2=\dfrac{q_0^3}{8G_0^3}$。

假定锥形-有孔柱形组合管桩静压沉桩时土体服从修正剑桥本构模型理论，可得到偏应力 q_0 的表达式，如下式所示：

$$q_0=2\sqrt{3}\,C_{\mathrm{u1}} \tag{3-25}$$

前面的讨论都是把弹性区域与塑性区域分开来分析，并没有把它们合在一起进行讨论分析，因此弹塑性交界处会出现不连续的现象，将会导致数据缺失，无法保证弹性区与塑性区的完整性。为了进一步推导弹性区与塑性区连续的解析式，可将式(3-19)进一步推广，解析式如下所示：

$$\Delta u=\frac{(1+\mu)4C_{\mathrm{u}}\ln\left(\dfrac{R_{\mathrm{p}}}{r}\right)}{3}+\frac{2(2\mu-1)}{3}q+\frac{\sqrt{2}\,\alpha_{\mathrm{f}}}{3}\left[16\mu C_{\mathrm{u}}^{2}(\mu-1)\ln^{2}\left(\frac{R_{\mathrm{p}}}{r}\right)+\right.$$

$$\left.4C_{\mathrm{u}}^{2}\ln^{2}\left(\frac{R_{\mathrm{p}}}{r}\right)+4q(2\mu-1)^{2}C_{\mathrm{u}}\ln\left(\frac{R_{\mathrm{p}}}{r}\right)+(2\mu-1)^{2}q^{2}+3C_{\mathrm{u}}^{2}\right]^{\frac{1}{2}}\cdot\frac{1}{\ln\left(\dfrac{R}{R_{\mathrm{u}}}\right)}\ln\left(\frac{R}{r}\right)+$$

$$
\frac{4(\mu+1)h'D_1^2C_{u1}}{3(h'D_1^2+N\eta\delta d_1^2)}\ln\left(\frac{R'_p}{r}\right)-\frac{(4\mu+2)N\eta\delta d_1^2C_{u1}}{3(h'D_1^2+N\eta\delta d_1^2)}+
$$

$$
\frac{\sqrt{2}\alpha_f}{3}\cdot\left\{\frac{4(4\mu^2-2\mu+1)(N\eta\delta d_1^2)^2+3N\eta\delta d_1^2h'D_1^2+3(h'D_1^2)^2}{(h'D_1^2+N\eta\delta d_1^2)^2}C_{u1}^2+q^2(1-2\mu)^2+\right.
$$

$$
\frac{2C_{u1}[(1-2\mu)(4\mu-1)N\eta\delta d_1^2]\left[q(h'D_1^2+N\eta\delta d_1^2)+2h'D_1^2C_{u1}\ln\left(\frac{R'_p}{r}\right)\right]}{(h'D_1^2+N\eta\delta d_1^2)^2}+
$$

$$
\left.\frac{4(h'D_1^2)(1-2\mu)^2C_{u1}}{h'D_1^2+N\eta\delta d_1^2}\ln\left(\frac{R'_p}{r}\right)\left[q+(h'D_1^2C_{u1})\ln\left(\frac{R'_p}{r}\right)\right]\right\}^{\frac{1}{2}}\frac{1}{\ln\left(\frac{R}{R_u}\right)}\ln\left(\frac{R}{r}\right) \tag{3-26}
$$

式中,R 为影响范围的半径。

将式(3-2)、式(3-5)、式(3-25)代入式(3-26)中可以得到:

$$
\Delta u=\frac{1}{3}\left[\frac{4\sqrt{3}G_0\sqrt[3]{v_{z1}^2}(1+\mu)\ln\left(\frac{R_p}{r}\right)}{3\sqrt[3]{\tan^2\varphi'}}+2(2\mu-1)q+\sqrt{2}\alpha_f\right]\cdot\left[\frac{16}{3}\mu\left(\frac{G_0\sqrt[3]{v_{z1}^2}}{\sqrt[3]{\tan^2\varphi'}}\right)^2(\mu-1)\ln^2\left(\frac{R_p}{r}\right)+\right.
$$

$$
\left.\left(\frac{G_0\sqrt[3]{v_{z1}^2}}{\sqrt[3]{\tan^2\varphi'}}\right)^2\left[\frac{4}{3}\ln^2\left(\frac{R_p}{r}\right)+1\right]+\frac{4}{3}q(2\mu-1)^2\frac{\sqrt{3}G_0\sqrt[3]{v_{z1}^2}}{\sqrt[3]{\tan^2\varphi'}}\ln\left(\frac{R_p}{r}\right)+(2\mu-1)^2q^2\right]^{\frac{1}{2}}\frac{1}{\ln\left(\frac{R}{R_u}\right)}\ln\left(\frac{R}{r}\right)+
$$

$$
\frac{\sqrt{3}G_0\sqrt[3]{v_{z2}^2}}{9\sqrt[3]{\tan^2\varphi'}(h'D_1^2+N\eta\delta d_1^2)}\left[4(\mu+1)h'D_1^2\ln\left(\frac{R'_p}{r}\right)-2(2\mu+1)N\eta\delta d_1^2\right]+
$$

$$
\frac{\sqrt{2}\alpha_f}{3}\cdot\left\{\frac{4(4\mu^2-2\mu+1)(N\eta\delta d_1^2)^2+6N\eta\delta d_1^2h'D_1^2+6(h'D_1^2)^2}{3(h'D_1^2+N\eta\delta d_1^2)^2}\left(\frac{G_0\sqrt[3]{v_{z2}^2}}{\sqrt[3]{\tan^2\varphi'}}\right)^2+q^2(1-2\mu)^2+\right.
$$

$$
\frac{2G_0\sqrt[3]{v_{z2}^2}}{3\sqrt[3]{\tan^2\varphi'}}\cdot\frac{[(1-2\mu)(4\mu-1)N\eta\delta d_1^2]\left[\sqrt{3}q(h'D_1^2+N\eta\delta d_1^2)+2h'D_1^2\frac{G_0\sqrt[3]{v_{z2}^2}}{\sqrt[3]{\tan^2\varphi'}}\ln\left(\frac{R'_p}{r}\right)\right]}{(h'D_1^2+N\eta\delta d_1^2)^2}+
$$

$$
\left.\frac{4\ln\left(\frac{R'_p}{r}\right)\frac{G_0\sqrt[3]{v_{z2}^2}}{\sqrt[3]{\tan^2\varphi'}}}{3(h'D_1^2+N\eta\delta d_1^2)}\left[\sqrt{3}(h'D_1^2)q(1-2\mu)^2+\frac{\sqrt{2}(h'D_1^2)^2(1-2\mu)^2}{h'D_1^2+N\eta\delta d_1^2}\frac{G_0\sqrt[3]{v_{z2}^2}}{\sqrt[3]{\tan^2\varphi'}}\ln\left(\frac{R'_p}{r}\right)\right]\right\}^{\frac{1}{2}}\times
$$

$$
\frac{1}{\ln\left(\frac{R}{R_u}\right)}\ln\left(\frac{R}{r}\right) \tag{3-27}
$$

从上式可以得出:管桩静压沉桩过程中沉桩速度过快,土体内的水不易被排出,将会产生更大的水压力,使得施工进程延误;若沉桩速度过于缓慢,将会使得沉桩过程中土体发生土体再固结,导致桩的下沉难度变大,会延误施工进程。

3.5 组合管桩超孔隙水压力时空消散与竖向深度之间的关系

3.5.1 有孔柱形管桩超孔隙水压力时空消散与竖向深度之间的关系

众多试验结果显示[100],在贯入沉桩过程中,桩壁侧压力随着桩下沉深度的不断加深发生明显的变化,桩侧摩阻力亦随下沉深度加深而逐渐增大。故在研究有孔柱形管桩超孔隙水压力时,必须考虑下沉深度 z 的影响。

将式(2-80)~式(2-82)代入下式:

$$\Delta u=\frac{\alpha_{\mathrm{f}}}{3}\sqrt{(\Delta\sigma_r-\Delta\sigma_\theta)^2+(\Delta\sigma_z-\Delta\sigma_\theta)^2+(\Delta\sigma_r-\Delta\sigma_z)^2}+\frac{1}{3}(\Delta\sigma_r+\Delta\sigma_\theta+\Delta\sigma_z) \tag{3-28}$$

在考虑深度 z 的影响下,得到弹性区范围内有孔柱形管桩超孔隙水压力解析解为:

$$\Delta u=-\frac{2}{3}|\Delta\sigma_k|+\frac{\alpha_{\mathrm{f}}}{3}\sqrt{6\left(\frac{2Az_2+B}{r^2}\right)^2+2|\Delta\sigma_k|^2} \tag{3-29}$$

将 $A=\dfrac{k_0\gamma R_{\mathrm{p}}'^2\sin\varphi}{2}$,$B=(C\cos\varphi-|\Delta\sigma_k|\sin\varphi)R_{\mathrm{p}}'^2$ 代入式(3-29),可得:

$$\Delta u=-\frac{2}{3}|\Delta\sigma_k|+\frac{\alpha_{\mathrm{f}}}{3}\sqrt{6\left[\frac{(k_0\gamma z_2\sin\varphi+C\cos\varphi-|\Delta\sigma_k|\sin\varphi)R_{\mathrm{p}}'^2}{r^2}\right]^2+2|\Delta\sigma_k|^2} \tag{3-30}$$

当考虑深度 z 的影响时,将式(2-89)~式(2-91)代入式(3-28),可以得到有孔柱形管桩贯入沉桩时塑性区超孔隙水压力为:

$$\begin{aligned}\Delta u=&\frac{1}{3}\left[\frac{P_L-P_0}{L}\left(\frac{1-\sin\varphi}{1+\sin\varphi}-\frac{h'D_1^2-N\eta\delta d_1^2}{h'D_1^2+N\eta\delta d_1^2}\right)\left(\frac{R_{\mathrm{u}}}{r}\right)^{\frac{2\sin\varphi}{1+\sin\varphi}}-\left(\frac{\tau_L-\tau_0}{L}R_{\mathrm{u}}+\frac{2C\cos\varphi}{1+\sin\varphi}\right)+\frac{\tau_0z_2}{r}\right]+\\&\frac{\sqrt{2}\alpha_{\mathrm{f}}}{3}\left\{\left(\frac{\tau_L-\tau_0}{L}R_{\mathrm{u}}+\frac{2C\cos\varphi}{1+\sin\varphi}\right)^2+\frac{3\sin^2\varphi+1}{(1+\sin\varphi)^2}\left[z_2\frac{P_L-P_0}{L}\left(\frac{R_{\mathrm{u}}}{r}\right)^{\frac{2\sin\varphi}{1+\sin\varphi}}\right]^2+\right.\\&\left(|\Delta\sigma_k|+\frac{\tau_0z_2}{r}\right)^2+\left[z_2\frac{3\sin\varphi-1}{1+\sin\varphi}\cdot\frac{P_L-P_0}{L}\left(\frac{R_{\mathrm{u}}}{r}\right)^{\frac{2\sin\varphi}{1+\sin\varphi}}\right]\left(\frac{\tau_L-\tau_0}{L}R_{\mathrm{u}}+\frac{2C\cos\varphi}{1+\sin\varphi}\right)+\\&\left.\left(|\Delta\sigma_k|+\frac{\tau_0z_2}{r}\right)\left\{\frac{1}{L}\left[(\tau_L-\tau_0)R_{\mathrm{u}}-2z_2\frac{P_L-P_0}{(1+\sin\varphi)}\left(\frac{R_{\mathrm{u}}}{r}\right)^{\frac{2\sin\varphi}{1+\sin\varphi}}\right]+\frac{2C\cos\varphi}{1+\sin\varphi}\right\}\right\}^{\frac{1}{2}}\end{aligned} \tag{3-31}$$

3.5.2 锥形管桩超孔隙水压力时空消散与竖向深度之间的关系

①弹性区:

将式(2-70)~式(2-72)代入下式:

$$\Delta u=\frac{1}{3}(\Delta\sigma_r+\Delta\sigma_\theta+\Delta\sigma_z)+\frac{\alpha_{\mathrm{f}}}{3}\sqrt{(\Delta\sigma_r-\Delta\sigma_\theta)^2+(\Delta\sigma_z-\Delta\sigma_\theta)^2+(\Delta\sigma_r-\Delta\sigma_z)^2} \tag{3-32}$$

在考虑桩下沉深度 z 的影响时，锥形管桩沉桩时弹性区超孔隙水压力的解析式为：

$$\Delta u=\frac{\alpha_f}{3}\sqrt{6\left(\frac{2Az_1+B}{r^2}\right)^2} \tag{3-33}$$

同理，代入式(3-33)可得：

$$\Delta u=\frac{\sqrt{6}\alpha_f}{3}\sqrt{\frac{(k_0\gamma z_1\sin\varphi+C\cos\varphi)R_p^2}{r^2}} \tag{3-34}$$

②塑性区：

考虑深度 z 的影响时，将式(2-77)～式(2-79)代入式(3-28)，可以得到锥形管桩贯入沉桩时塑性区超孔隙水压力表达式为：

$$\Delta u=z_1\frac{P_L-P_0}{3L}\left(\frac{R_u}{r}\right)^{\frac{2\sin\varphi}{1+\sin\varphi}}\left(\frac{1-\sin\varphi}{1+\sin\varphi}-\frac{h'D_1^2-N\eta\delta d_1^2}{h'D_1^2+N\eta\delta d_1^2}\right)+\frac{R_u}{3\sin\varphi}\cdot\frac{\tau_L-\tau_0}{L}-\frac{2C}{3}\left(\cot\varphi+\frac{\cos\varphi}{1+\sin\varphi}\right)+$$
$$\frac{1}{3}\left(1+\frac{\tau_0}{\gamma r}\right)\gamma z_1+\frac{\alpha_f}{3}\left\{\frac{6+2\sin^2\varphi}{(1+\sin\varphi)^2}\left[z_1\frac{P_L-P_0}{L}\left(\frac{R_u}{r}\right)^{\frac{2\sin\varphi}{1+\sin\varphi}}\right]^2+2\left[\frac{P_L-P_0}{L}\cdot\left(\frac{R_u}{r}\right)^{\frac{2\sin\varphi}{1+\sin\varphi}}\cdot z_1\cdot\frac{\tau_L-\tau_0}{L}\cdot R_u\right]\right.$$
$$\left[\frac{1+\sin\varphi}{\sin\varphi}+\frac{4C\cos\varphi}{(1+\sin\varphi)^2}\right]-\left[z_1\frac{P_L-P_0}{L}\left(\frac{R_u}{r}\right)^{\frac{2\sin\varphi}{1+\sin\varphi}}\right]\left[\frac{2C\cot\varphi}{1+\sin\varphi}+\frac{2C\cos\varphi(1-\sin\varphi)}{(1+\sin\varphi)^2}+\frac{2\left(1+\frac{\tau_0}{\gamma r}\right)\gamma z_1}{1+\sin\varphi}\right]+$$
$$\frac{2CR_u(\cos\varphi+\cot\varphi)}{1+\sin\varphi}\cdot\frac{\tau_L-\tau_0}{L}+\left(\frac{\tau_L-\tau_0}{L}R_u\right)^2\left(\frac{3}{2}+\frac{1}{2\sin^2\varphi}\right)+2\left(1+\frac{\tau_0}{\gamma r}\right)^2(\gamma z_1)^2+2(C\cot\varphi)^2+$$
$$\left.2\left(\frac{2C\cos\varphi}{1+\sin\varphi}\right)^2+\frac{4C^2\cos\varphi\ \cot\varphi}{1+\sin\varphi}\right\}^{\frac{1}{2}} \tag{3-35}$$

3.5.3　组合管桩超孔隙水压力时空消散与竖向深度之间的关系

根据式(3-30)、式(3-31)和式(3-34)、式(3-35)可以分别得到锥形-有孔柱形组合管桩弹塑性区超孔隙水压力消散与桩下沉深度关系之间的解析式。

①弹性区：

$$\Delta u=-\frac{2}{3}|\Delta\sigma_k|+\frac{\alpha_f}{3}\sqrt{6\left[\frac{(k_0\gamma z_2\sin\varphi+C\cos\varphi-|\Delta\sigma_k|\sin\varphi)R_p'^2}{r^2}\right]^2+2|\Delta\sigma_k|^2}+$$
$$\frac{\sqrt{6}\alpha_f}{3}\sqrt{\frac{(k_0\gamma z_1\sin\varphi+C\cos\varphi)R_p^2}{r^2}} \tag{3-36}$$

②塑性区：

$$\Delta u=\frac{1}{3}\left\{\frac{2(z_1+z_2)}{1+\sin\varphi}\cdot\frac{P_L-P_0}{L}\left(\frac{R_u}{r}\right)^{\frac{2\sin\varphi}{1+\sin\varphi}}+\frac{\tau_L-\tau_0}{L}R_u\left(\frac{1-3\sin\varphi}{3\sin\varphi}\right)-\frac{4C\cos\varphi}{1+\sin\varphi}-\left(\frac{1-\sin\varphi}{1+\sin\varphi}-\frac{h'D_1^2-N\eta\delta d_1^2}{h'D_1^2+N\eta\delta d_1^2}\right)\times\right.$$
$$\left.\left[z_2\frac{P_L-P_0}{L}\left(\frac{R_u}{r}\right)^{\frac{2\sin\varphi}{1+\sin\varphi}}\right]+\frac{\tau_0 z_2}{r}+\left(1+\frac{\tau_0}{\gamma r}\right)\gamma z_1-2C\cot\varphi\right\}+\frac{\sqrt{2}\alpha_f}{3}\left\{\frac{3\sin^2\varphi+1}{(1+\sin\varphi)^2}\left[z_2\frac{P_L-P_0}{L}\left(\frac{R_u}{r}\right)^{\frac{2\sin\varphi}{1+\sin\varphi}}\right]^2+\right.$$

$$\left(\frac{\tau_L-\tau_0}{L}R_{\mathrm{u}}+\frac{2C\cos\varphi}{1+\sin\varphi}\right)^2+\left(|\Delta\sigma_k|+\frac{\tau_0 z_2}{r}\right)^2+\left[z_2\frac{3\sin\varphi-1}{1+\sin\varphi}\cdot\frac{P_L-P_0}{L}\left(\frac{R_{\mathrm{u}}}{r}\right)^{\frac{2\sin\varphi}{1+\sin\varphi}}\right]\left(\frac{\tau_L-\tau_0}{L}R_{\mathrm{u}}+\frac{2C\cos\varphi}{1+\sin\varphi}\right)+$$

$$\left(|\Delta\sigma_k|+\frac{\tau_0 z_2}{r}\right)\left[\left(\frac{\tau_L-\tau_0}{L}R_{\mathrm{u}}+\frac{2C\cos\varphi}{1+\sin\varphi}\right)-z_2\frac{2}{1+\sin\varphi}\cdot\frac{P_L-P_0}{L}\left(\frac{R_{\mathrm{u}}}{r}\right)^{\frac{2\sin\varphi}{1+\sin\varphi}}\right]\Bigg\}^{\frac{1}{2}}+$$

$$\frac{\alpha_{\mathrm{f}}}{3}\left\{\frac{6+2\sin^2\varphi}{(1+\sin\varphi)^2}\left[z_1\frac{P_L-P_0}{L}\left(\frac{R_{\mathrm{u}}}{r}\right)^{\frac{2\sin\varphi}{1+\sin\varphi}}\right]^2+2\left[z_1R_{\mathrm{u}}\frac{\tau_L-\tau_0}{L}\cdot\frac{P_L-P_0}{L}\left(\frac{R_{\mathrm{u}}}{r}\right)^{\frac{2\sin\varphi}{1+\sin\varphi}}\right]\times\right.$$

$$\left[\frac{1+\sin\varphi}{\sin\varphi}+\frac{4C\cos\varphi}{(1+\sin\varphi)^2}\right]-\left[z_1\frac{P_L-P_0}{L}\left(\frac{R_{\mathrm{u}}}{r}\right)^{\frac{2\sin\varphi}{1+\sin\varphi}}\right]\times\left[\frac{2C\cot\varphi}{1+\sin\varphi}+\frac{2C(1-\sin\varphi)\cos\varphi}{(1+\sin\varphi)^2}+\frac{2\left(1+\frac{\tau_0}{\gamma r}\right)\gamma z_1}{1+\sin\varphi}\right]+$$

$$\frac{2CR_{\mathrm{u}}(\cos\varphi+\cot\varphi)}{1+\sin\varphi}\cdot\frac{\tau_L-\tau_0}{L}+\left(\frac{\tau_L-\tau_0}{L}R_{\mathrm{u}}\right)^2\left(\frac{3}{2}+\frac{1}{2\sin^2\varphi}\right)+$$

$$\left.2\left(1+\frac{\tau_0}{\gamma r}\right)^2(\gamma z_1)^2+2(C\cot\varphi)^2+2\left(\frac{2C\cos\varphi}{1+\sin\varphi}\right)^2+\frac{4C^2\cos\varphi\cot\varphi}{1+\sin\varphi}\right\}^{\frac{1}{2}} \tag{3-37}$$

从式(3-36)和式(3-37)可以看出,锥形-有孔柱形组合管桩静压沉桩产生的超孔隙水压力值与径向距离、深度均有关系,这与最初的设想一致。

3.6 组合管桩超孔隙水压力时空消散与开孔孔径之间的关系

锥形-有孔柱形组合管桩在管桩开孔处的应力增量能够有效减小超孔隙水压力最大值,而选用不同开孔方式时,该增量是不同的,因此对超孔隙水压力的影响程度也会有所差别。

考虑到 $\Delta\sigma_k$ 的作用,将应力增量式(3-12)代入式(2-92)、式(2-93)中,得到锥形-有孔锥形组合管桩弹性区与塑性区超孔隙水压力时空消散变化规律与开孔孔径 d_1 之间关系的表达式:

①弹性区:

$$\Delta u=-\frac{2}{3}\cdot\frac{N\eta\delta d_1^2(k_0\gamma z_2\sin\varphi+C\cos\varphi)R_{\mathrm{p}}'^2}{h'D_1^2+N\eta\delta d_1^2}+\frac{\sqrt{6}\alpha_{\mathrm{f}}}{3}\cdot\frac{N\eta\delta d_1^2(k_0\gamma z_2\sin\varphi+C\cos\varphi)R_{\mathrm{p}}'^2}{h'D_1^2+N\eta\delta d_1^2}\times$$
$$\sqrt{\frac{(h'D_1^2+N\eta\delta d_1^2)^2+2(N\eta\delta d_1^2)^2}{h'D_1^2+N\eta\delta d_1^2}}+\frac{\sqrt{6}\alpha_{\mathrm{f}}}{3}\sqrt{\frac{(k_0\gamma z_1\sin\varphi+C\cos\varphi)R_{\mathrm{p}}^2}{r^2}} \tag{3-38}$$

②塑性区:

$$\Delta u=\frac{1}{3}\left\{\frac{2(z_1+z_2)}{1+\sin\varphi}\cdot\frac{P_L-P_0}{L}\left(\frac{R_{\mathrm{u}}}{r}\right)^{\frac{2\sin\varphi}{1+\sin\varphi}}+R_{\mathrm{u}}\frac{\tau_L-\tau_0}{L}\left(\frac{1-3\sin\varphi}{3\sin\varphi}\right)-\frac{4C\cos\varphi}{1+\sin\varphi}-\left(\frac{1-\sin\varphi}{1+\sin\varphi}-\frac{h'D_1^2-N\eta\delta d_1^2}{h'D_1^2+N\eta\delta d_1^2}\right)\times\right.$$

$$\left.\left[z_2\frac{P_L-P_0}{L}\left(\frac{R_{\mathrm{u}}}{r}\right)^{\frac{2\sin\varphi}{1+\sin\varphi}}\right]+\frac{\tau_0z_2}{r}+\left(1+\frac{\tau_0}{\gamma r}\right)\gamma z_1-2C\cot\varphi\right\}+\frac{\sqrt{2}\alpha_{\mathrm{f}}}{3}\left\{\frac{3\sin^2\varphi+1}{(1+\sin\varphi)^2}\left[z_2\frac{P_L-P_0}{L}\left(\frac{R_{\mathrm{u}}}{r}\right)^{\frac{2\sin\varphi}{1+\sin\varphi}}\right]^2+\right.$$

$$\left(\frac{\tau_L-\tau_0}{L}R_u+\frac{2C\cos\varphi}{1+\sin\varphi}\right)^2+\left[z_2\frac{N\eta\delta d_1^2}{h'D_1^2+N\eta\delta d_1^2}\cdot\frac{P_L-P_0}{L}\left(\frac{R_u}{r}\right)^{\frac{2\sin\varphi}{1+\sin\varphi}}+\frac{\tau_0 z_2}{r}\right]^2+\left[z_2\frac{3\sin\varphi-1}{1+\sin\varphi}\times\right.$$
$$\left.\frac{P_L-P_0}{L}\left(\frac{R_u}{r}\right)^{\frac{2\sin\varphi}{1+\sin\varphi}}\right]\times\left(\frac{\tau_L-\tau_0}{L}R_u+\frac{2C\cos\varphi}{1+\sin\varphi}\right)+\left[z_2\frac{N\eta\delta d_1^2}{h'D_1^2+N\eta\delta d_1^2}\cdot\frac{P_L-P_0}{L}\left(\frac{R_u}{r}\right)^{\frac{2\sin\varphi}{1+\sin\varphi}}+\frac{\tau_0 z_2}{r}\right]\times$$
$$\left.\left[\left(\frac{\tau_L-\tau_0}{L}R_u+\frac{2C\cos\varphi}{1+\sin\varphi}\right)-\frac{2z_2}{1+\sin\varphi}\cdot\frac{P_L-P_0}{L}\left(\frac{R_u}{r}\right)^{\frac{2\sin\varphi}{1+\sin\varphi}}\right]\right\}^{\frac{1}{2}}+\frac{\alpha_f}{3}\left\{\frac{6+2\sin^2\varphi}{(1+\sin\varphi)^2}\left[z_1\frac{P_L-P_0}{L}\left(\frac{R_u}{r}\right)^{\frac{2\sin\varphi}{1+\sin\varphi}}\right]^2+\right.$$
$$2z_1R_u\frac{\tau_L-\tau_0}{L}\cdot\frac{P_L-P_0}{L}\left(\frac{R_u}{r}\right)^{\frac{2\sin\varphi}{1+\sin\varphi}}\left[\frac{1+\sin\varphi}{\sin\varphi}+\frac{4C\cos\varphi}{(1+\sin\varphi)^2}\right]-\left[z_1\frac{P_L-P_0}{L}\left(\frac{R_u}{r}\right)^{\frac{2\sin\varphi}{1+\sin\varphi}}\right]\times$$
$$\left[\frac{2C\cot\varphi}{1+\sin\varphi}+\frac{2C\cos\varphi(1-\sin\varphi)}{(1+\sin\varphi)^2}+\frac{2\gamma z_1\left(1+\frac{\tau_0}{\gamma r}\right)}{1+\sin\varphi}\right]+\frac{2C(\cos\varphi+\cot\varphi)}{1+\sin\varphi}\cdot\frac{\tau_L-\tau_0}{L}R_u+\left(\frac{\tau_L-\tau_0}{L}R_u\right)^2\times$$
$$\left.\left(\frac{3}{2}+\frac{1}{2\sin^2\varphi}\right)+2\left(1+\frac{\tau_0}{\gamma r}\right)^2(\gamma z_1)^2+2(C\cot\varphi)^2+2\left(\frac{2C\cos\varphi}{1+\sin\varphi}\right)^2+\frac{4C^2\cos\varphi\cot\varphi}{1+\sin\varphi}\right\}^{\frac{1}{2}} \tag{3-39}$$

3.7　工程算例

假定在某黏性地基进行锥形-有孔柱形组合管桩的压桩，管桩上部分为锥形管桩（不开孔），下部分为有孔柱形管桩。锥形-有孔柱形组合管桩总长 L 为 8m，锥形管桩长度 L_1 为 3m，星状孔柱形管桩长度 L_2 为 5m。锥形-有孔组合管桩中锥形管桩上部半径为 0.3m，下部半径与有孔柱形管桩半径相同，均为 0.2m；锥形-有孔柱形组合管桩壁厚为 3mm，下部有孔柱形管桩开孔间距为 1.0m。其他基本参数如下：土的不完全排水抗剪强度 $C_{u1}=15.6$kPa，土的不排水抗剪强度 $C_u=19.6$kPa，土的压缩模量 $E=3.06$MPa，$\mu=0.5$，土的有效重度 $\gamma'=8.1$kN/m^3，土的内摩擦角 $\varphi=16.1°$，桩土界面摩擦角 $\varphi_a=20°$，塑性区影响半径 $R_u=0.3$m，桩靴角度 $\varphi'=60°$，土的黏聚力 $C=10$kPa，桩土界面黏聚力 $C_a=12$kPa，取 $\alpha_f=0.87$。

3.7.1　超孔隙水压力时空消散与径向距离之间的关系曲线

将上述相关数据代入式（3-19）、式（3-20），计算并绘制出锥形-有孔柱形组合管桩超孔隙水压力与径向距离之间的关系曲线，如图 3-1 所示。

由图 3-1 可知：在平面状态下，锥形-有孔柱形组合管桩超孔隙水压力不管在弹性区还是塑性区，都随着径向距离增大而减小，弹性区内的超孔隙水压力值远小于塑性区，塑性区内的超孔隙水压力的减少速度大于弹性区。

3.7.2　超孔隙水压力时空消散与沉桩速度之间的关系曲线

在径向距离不变的情况下，控制锥形-有孔柱形组合管桩的沉桩速度，向公式（3-26）、式(3-27)代入相关参数,计算并绘制出锥形-有孔柱形组合管桩超孔隙水压力与沉桩速度之间的关系曲线,如图 3-2 所示。

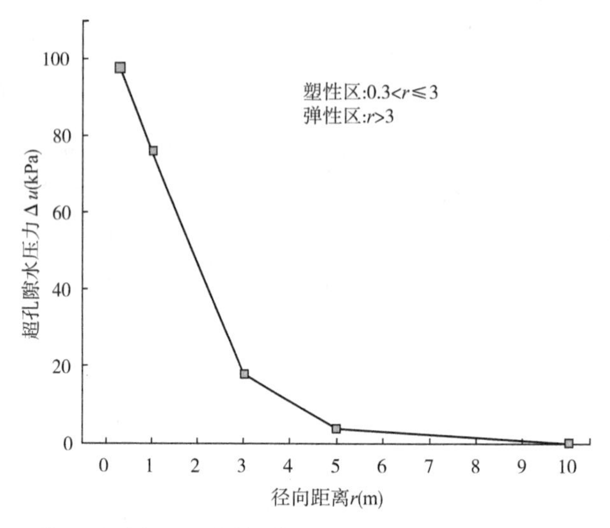

图 3-1　锥形-有孔柱形组合管桩超孔隙水压力与径向距离的变化曲线

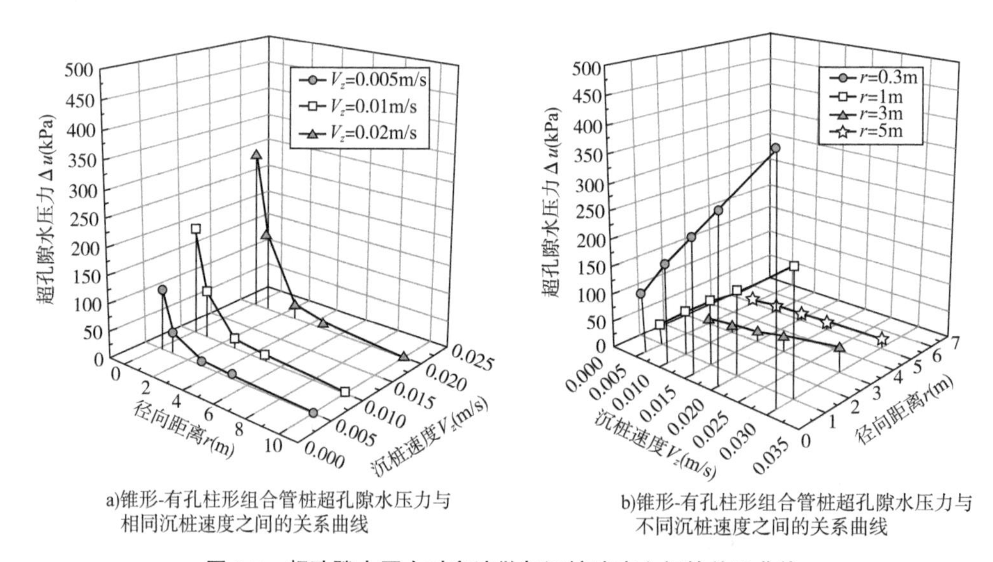

a)锥形-有孔柱形组合管桩超孔隙水压力与相同沉桩速度之间的关系曲线

b)锥形-有孔柱形组合管桩超孔隙水压力与不同沉桩速度之间的关系曲线

图 3-2　超孔隙水压力时空消散与沉桩速度之间的关系曲线

由图 3-2a)可知,在一定范围内,径向距离不变情况下,锥形-有孔柱形组合管桩超孔隙水压力随沉桩速度加快而增大;由图 3-2b)可知,在沉桩速度不变情况下,锥形-有孔柱形组合管桩超孔隙水压力随径向距离增大而逐渐减少,弹性区的超孔隙水压力远小于塑性区。

3.7.3　超孔隙水压力时空消散与深度之间的关系曲线

计算不同深度处以及不同径向距离处锥形-有孔柱形组合管桩的超孔隙水压力值,将相关参数代入式(3-36)、式(3-37),计算并绘制出锥形-有孔柱形组合管桩超孔隙水压力时空消散与深度之间的关系曲线,如图 3-3 所示。

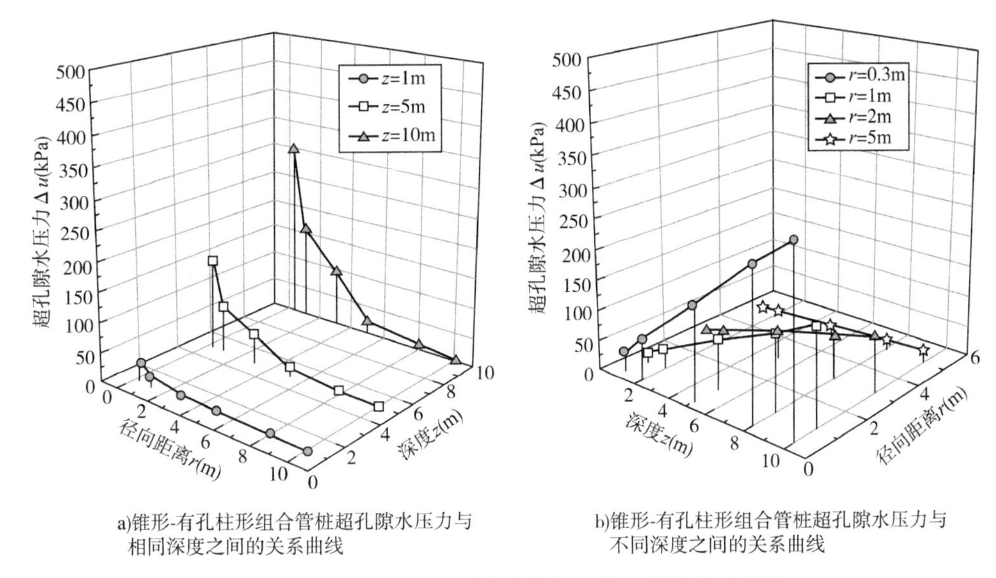

a)锥形-有孔柱形组合管桩超孔隙水压力与相同深度之间的关系曲线

b)锥形-有孔柱形组合管桩超孔隙水压力与不同深度之间的关系曲线

图 3-3　超孔隙水压力时空消散与深度之间的关系曲线

由图 3-3a)可知,在一定范围内,径向距离不变的情况下,锥形-有孔柱形组合管桩超孔隙水压力随深度增加而逐渐增大;由图 3-3b)可知,在深度相同的情况下,锥形-有孔柱形组合管桩超孔隙水压力随着径向距离增加而逐渐减小,弹性区内的锥形-有孔柱形组合管桩超孔隙水压力值远小于塑性区。

3.7.4　超孔隙水压力时空消散与开孔孔径之间的关系曲线

计算不同开孔孔径处以及不同深度处锥形-有孔柱形组合管桩的超孔隙水压力值,将相关参数代入式(3-38)、式(3-39),计算并绘制出锥形-有孔柱形组合管桩超孔隙水压力时空消散与深度之间的关系曲线,如图 3-4 所示。

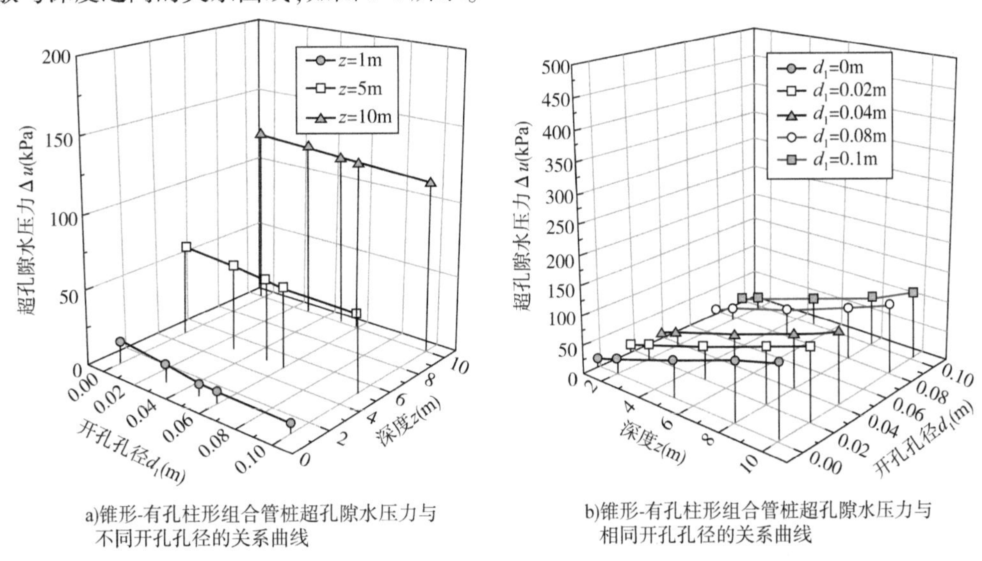

a)锥形-有孔柱形组合管桩超孔隙水压力与不同开孔孔径的关系曲线

b)锥形-有孔柱形组合管桩超孔隙水压力与相同开孔孔径的关系曲线

图 3-4　超孔隙水压力时空消散与开孔孔径之间的关系曲线

由图 3-4a)可知,在一定范围内以及其他不变的情况下,同等深度条件下,锥形-有孔柱形组合管桩超孔隙水压力随着开孔孔径增大而逐渐减小;由图 3-4b)可知,在开孔孔径不变的情况下,锥形-有孔柱形组合管桩超孔隙水压力随着深度加深而逐渐增大。不同开孔孔径时超孔隙水压力的变化曲线都比较平缓,说明开孔孔径对超孔隙水压力影响比较小,也证明管桩开孔能够减小锥形-有孔柱形组合管桩超孔隙水压力值,并且开孔孔径越大,消散越明显;但孔径不能过大,开孔过大会使开孔处的桩身刚度减小,出现应力集中现象,因此要选择合适的开孔孔径来减小锥形-有孔柱形组合管桩超孔隙水压力值。

3.8 本章小结

本章讨论了锥形-有孔柱形组合管桩沉桩贯入过程中超孔隙水压力与径向距离、深度、沉桩速度、开孔孔径之间的关系,得出锥形-有孔柱形组合管桩与各影响因素之间关系的解析解,为分析超孔隙水压力的时空消散提供了理论依据,可以得到如下结论:

①采用先理论推导再研究实际算例的思路,对锥形-有孔柱形组合管桩静压沉桩超孔隙水压力消散的影响因素进行了分析,推导出锥形-有孔柱形组合管桩沉桩所产生的超孔隙水压力与径向距离、沉桩速度、开孔孔径以及深度之间关系的理论公式,并计算绘制出相应的关系变化曲线。

②锥形-有孔柱形组合管桩超孔隙水压力的大小随径向距离增大而逐渐减小,离桩心轴线越远,锥形-有孔柱形组合管桩超孔隙水压力值越小,反之则越大;在一定时间内,相同的径向距离情况下,锥形-有孔柱形组合管桩超孔隙水压力随沉桩速度加快而逐渐增大,反之则减小。沉桩速度过慢将会导致土体再次固结,所需时间就会相应增多。因此,选择一个合适的沉桩速度对锥形-有孔柱形组合管桩静压沉桩尤其重要。

③在考虑深度影响时:下沉深度相同时,锥形-有孔柱形组合管桩超孔隙水压力的大小在弹性区域和塑性区域内都随径向距离增大而逐渐减小;保持径向距离相同时,锥形-有孔柱形组合管桩超孔隙水压力的大小随下沉深度加深而逐渐增大;开孔孔径不同、其他情况相同时,锥形-有孔柱形组合管桩超孔隙水压力随开孔孔径的增大而缓慢减小,其减小趋势比较平缓;开孔孔径相同时,锥形-有孔柱形组合管桩超孔隙水压力随桩下沉深度的加深而逐渐增大。

④由于在理论推导过程中采用某些假定和简化,所得到的结果难免存在一定的缺陷,因此需要考虑使用相关系数对所推导的各表达式加以修正。

第4章

锥形-有孔柱形组合管桩静压沉桩模型试验

为验证锥形-有孔柱形组合管桩静压沉桩产生的超孔隙水压力实际消散情况，本章对锥形-有孔柱形组合管桩静压沉桩过程产生的挤土效应问题进行模型试验。模型试验分为室内试验和室外试验，室外试验的优点是作业面积大，更加贴近实际工程，但存在试验操作难度大、影响因素多、费用高等不足；而室内试验具有易操作、花费少、精度高等优点，可依据室内模型试验数据，得到相关结论。

4.1 试验概况

4.1.1 试验相似设计

依据相似原理，对锥形-有孔柱形组合管桩静压沉桩室内模型试验从四个方面进行相似设计。

1）尺寸相似

室内模型和实际工程在几何尺寸方面需符合一定的相似比例关系。

$$M_L = \frac{X_m}{X_p} = \frac{Y_m}{Y_p} = \frac{Z_m}{Z_p} \tag{4-1}$$

式中，M_L为几何尺寸比；X_m、Y_m、Z_m 分别为模型桩在 x、y、z 方向的尺寸；X_p、Y_p、Z_p 分别为工程管桩在 x、y、z 方向的尺寸。

2）力学相似

室内模型与实际工程在各测点处的应力和刚度形成比例关系：

$$S_\sigma = \frac{\sigma_m}{\sigma_p}, S_\tau = \frac{\tau_m}{\tau_p}, S_\mu = \frac{\mu_m}{\mu_p} \tag{4-2}$$

式中，S_σ、S_τ、S_μ分别表示正应力、剪应力、泊松比的比例常数；σ_m、σ_p 分别为模型试验和实际工程中的测点应力；τ_m、τ_p 分别为模型试验和实际工程中的剪应力；μ_m、μ_p 分别为模型试验和实际工程中的泊松比。

3）边界条件相似

在静压沉桩模型试验过程中，软黏土会对钢化玻璃产生挤压作用，而钢化玻璃具有抗压能力强、能承受一定的挤压变形的优点，不会破坏整体结构，和实际工程在静压沉桩过程中边界区域受到的挤压密实作用近似。

4）荷载相似

要求模型和实际工程在各测点处的荷载大小成比例关系，作用方向一致：

$$C_p = \frac{P_m}{P_p} \tag{4-3}$$

式中，C_p 为荷载比例系数；P_m、P_p 分别为模型试验和实际工程中相应测点的荷载。

以上四个相似条件要完全满足较为困难，个别相似指标无法按相似比例确定。

由于本研究重点在于对组合管桩沉桩挤土效应的规律进行探讨，因此可通过室内试验实现本研究的目的。

4.1.2 试验准备

1）模型箱制作

试验模型箱制作过程如下：用五号角钢焊制 1.5m×1.5m×1.5m 的角钢架，并用钢板封底。模型箱四周每面分别由 3 块钢化玻璃拼接而成，主要考虑因素是钢化玻璃抗压能力强、能承受一定的挤压变形，并且表明光滑、透明，方便观察土体位移。钢化玻璃接缝处不密封，是为了静压沉桩时软黏土中的孔隙水可以自由流出，加快土体固结。试验过程中，静压沉桩会对影响范围内的桩周土体产生挤压密实作用，导致钢化玻璃产生一定的侧向变形，为防止变形过大而出现碎裂风险，在每面中间加方木条并用铁丝固定，如图 4-1 所示。

图 4-1 试验模型箱

2）模型桩

模型桩如图 4-2 所示。由于不锈钢钢管较为轻薄，壁厚仅为 3mm，为避免管桩在静压沉桩过程中无法实现沉桩挤土效应，对模型桩底部进行了封底处理。同时考虑到模型桩的直径较大，沉桩过程中桩端阻力较大，难以将管桩静力压入模型箱内。为解决这一问题，采用模具制作与桩径相匹配的钢质锥头，方便试验后拔桩。实际管桩和管桩桩尖分别如图 4-3、图 4-4 所示。

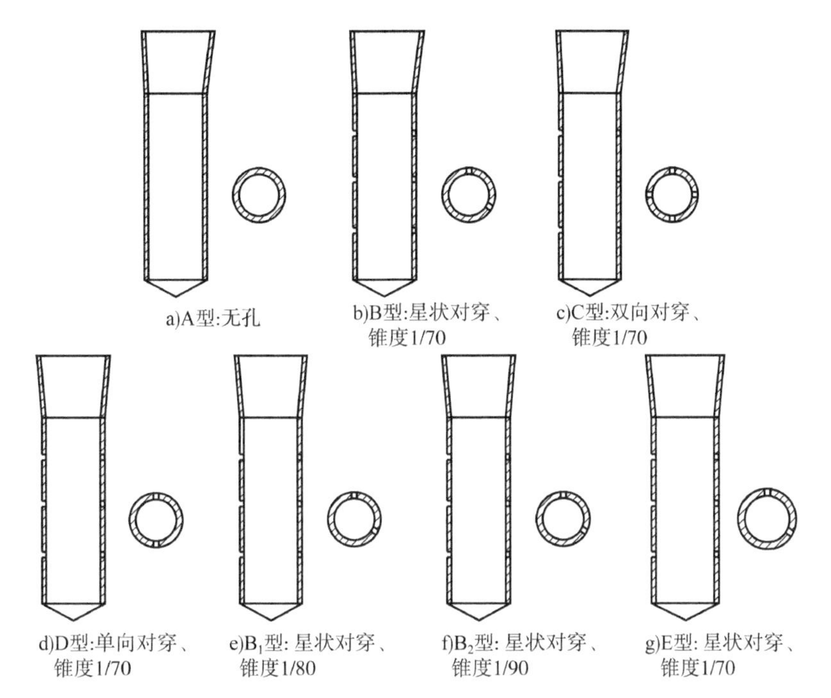

图 4-2　各种开孔方式的管桩结构示意图

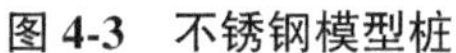

图 4-3　不锈钢模型桩　　　　**图 4-4　管底桩尖**

本次试验的主要目的是研究锥度大小、开孔方式和管桩桩径 3 个参数变化对锥形-有孔柱形组合管桩沉桩前后土体物理力学指标变化、超孔隙水压力的产生和消散规律的影响，重点是研究锥形-有孔柱形组合管桩的排水效果。在不影响试验结果的前提下，考虑试验可行性以及试验精度，选用大直径的不锈钢管桩作为模型桩的桩身。在以往有孔管桩的模型试验及数值模拟研究中，发现当管桩的占孔率为 0.168 时，超孔隙水压力消散效果最佳，因此不设占孔率的对照组模型。锥形-有孔柱形组合管桩分为三类：第一类管桩桩径不同，第二类管桩开孔方式不同，第三类管桩锥度不同。三类对比试验所用管桩具体参数如表 4-1 ~ 表 4-4所示。其中，桩径 100mm、桩长 1.25m 的模型桩对应桩径 500mm、桩长 6m 的实际工程桩,桩径 127mm、桩长 1.25m 的模型桩对应桩径 600mm、桩长 6m 的实际工程桩。

七组管桩具体工况参数 **表 4-1**

管桩类型	桩径(mm)	锥度	开孔方式
A	109	1/70	无孔
B	109	1/70	星状对穿
C	109	1/70	双向对穿
D	109	1/70	单向对穿
B_1	109	1/80	星状对穿
B_2	109	1/90	星状对穿
E	127	1/70	星状对穿

第一类对比试验所用管桩参数 **表 4-2**

管桩类型	桩径(mm)	锥度	开孔方式
B	109	1/70	星状对穿
E	127	1/70	星状对穿

第二类对比试验所用管桩参数 **表 4-3**

管桩类型	桩径(mm)	锥度	开孔方式
A	109	1/70	无孔
B	109	1/70	星状对穿
C	109	1/70	双向对穿
D	109	1/70	单向对穿

第三类对比试验所用管桩参数 **表 4-4**

管桩类型	桩径(mm)	锥度	开孔方式
B	109	1/70	星状对穿
B_1	109	1/80	星状对穿
B_2	109	1/90	星状对穿

3)试验土样制备

本试验所用土样均取自南昌周边地区软土。为满足试验的需求,需对土样进行加工。将所取土样先用烘箱烘干,之后过筛,加入合适的水量搅拌,满足试验的含水率要求,使其更接近软土本身的物理力学性质。并且每次填筑完成后需要静力压实(目的是保证土体填筑均匀),直到设计的模型软土地基高度。填筑完成后在土体表面覆盖一层不透水薄膜,防止土体中水分蒸发流失。在薄膜上铺设一层钢板并均匀布置 9 块混凝土立方试块,对土体进行堆载压实处理,静压 1 周后撤除堆载使其回弹,土体静压回弹 7d,此时视土体达到稳定状态。模型软土地基的制备过程如图 4-5 所示。

a)原状土样烘干　b)土样碾碎　c)土样加水　d)分层填筑，静压　e)土样预压固结　f)土样回弹

图 4-5　模型软土地基制备

4)试验仪器

(1)孔隙水压力计

本次室内模型试验采用了 LY-350 型应变式微型孔压计(图 4-6)进行监测。

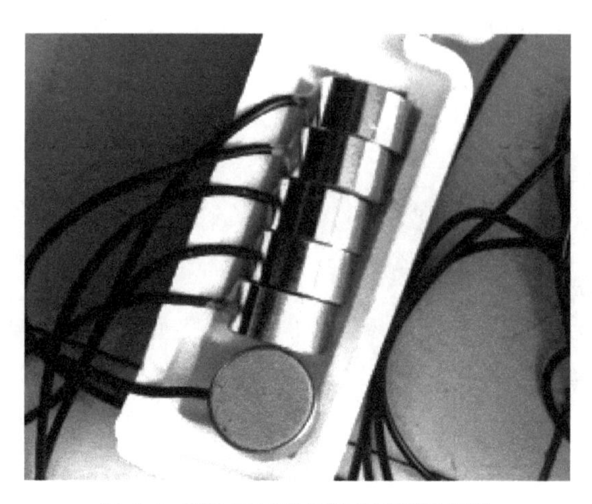

图 4-6　LY-350 型应变式微型孔压计

LY-350 型应变式微型孔压计的性能、结构稳定可靠，试验数据精确且易于采集，技术参数见表 4-5。

LY-350 型应变式微型孔压计参数　　表 4-5

型号	测量范围(kPa)	工作温度(℃)	测温精度(℃)	过载能力(%)	绝缘电阻(MΩ)
LY-350	0~100	-25~60	±0.1	50	≥50

(2)应变测试仪

本试验使用 DH3818-2 静态应变测试仪采集超孔隙水压力数据。采用全桥接线法将所有孔压计与测试仪接好，按照试验要求进行相关参数设置并调试平衡。调试完毕的 DH3818-2 静态应变测试仪及软件界面如图 4-7 所示。

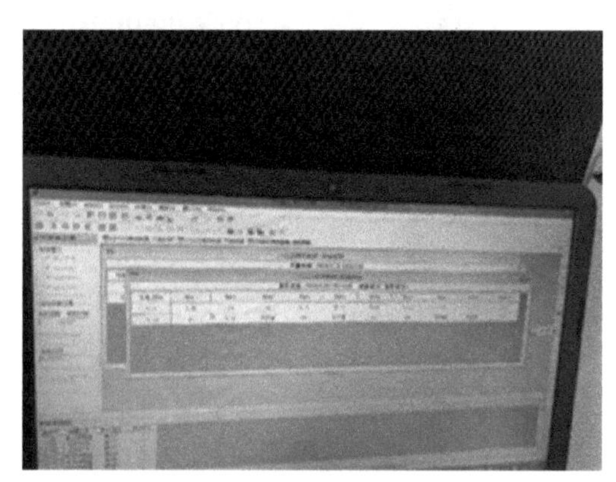

图 4-7　DH3818-2 静态应变测试仪及软件界面

(3)环刀取土钻

本试验采用环刀法在试验设计方案测点处取土。环刀取土钻如图 4-8 所示，在钻杆下端的钻头内部配有环刀，可以直接取出土样进行相关试验，无二次扰动，确保土工试验中测取土样的物理力学指标的准确性。

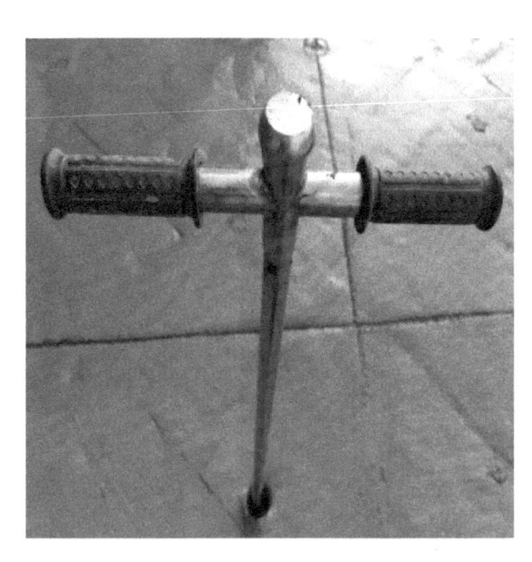

图 4-8　环刀取土钻

4.1.3　试验方案

试验内容主要有以下三个方面。

1) 沉桩前后土体物理力学指标变化试验

土样由固体、液体和气体三部分组成,其主要的物理力学指标包括密度和含水率。锥形-有孔柱形组合管桩静压沉桩过程所引发的沉桩挤土效应会导致土体物理力学性质发生变化。本试验采用大直径的不锈钢卷材卷制而成的锥形-有孔柱形组合管桩模型桩,在预设测点对锥形-有孔柱形组合管桩沉桩前原状土样及沉桩 60h 后扰动土样进行土体物理力学指标试验(含水率试验、固结试验、直剪试验)。

(1) 预设测点布置

为从径向距离、竖向深度、桩径、开孔方式、锥度等方面探究土体物理力学性质变化规律,布置 $t_1 \sim t_5$ 共 5 个测点。每组试验前用环刀取土钻采集沉桩前各位置土样;根据超孔隙水压力消散情况,沉桩后 60h 后在 $t_1 \sim t_5$ 测点处用环刀取土钻取土进行土工试验对比分析。取土测点布置如图 4-9 所示。

在土体静压回弹完成后,按预设测点定位取土测点与沉桩点,使用环刀取土钻采集沉桩前各测点土样,土样采集完成后开启 LY-350 型应变式微型孔压计,随后开始静压沉桩试验,如图 4-10所示。

(2) 含水率试验

采用烘干法测量土体的含水率,所用仪器有烘箱、天平、铝盒。具体试验步骤为:

第一步,湿土称重:取 15~20g 的试样,放入铝盒内,盖上盒盖,进行称重,称重数值精确至 0.01g。

第二步,烘干冷却:打开盒盖,将盒置于烘箱内,在 110℃的恒温下烘干 8h 至恒重。

第三步,从烘箱中取出铝盒,扣上盒盖,放入干燥容器中冷却至室温,称量盒加干土质量,精确至 0.01g。

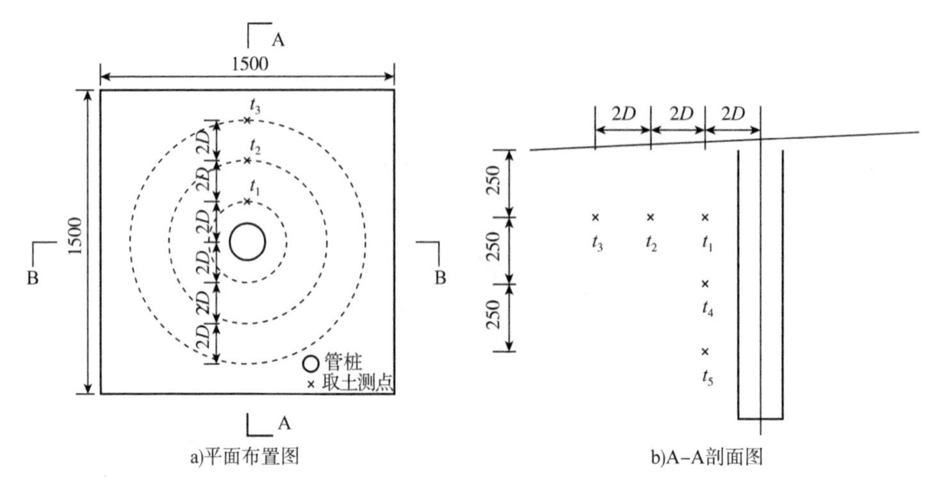

a)平面布置图　　　　　　b)A-A剖面图

图 4-9　取土测点布置图(尺寸单位:mm)

注:D 为桩半径。

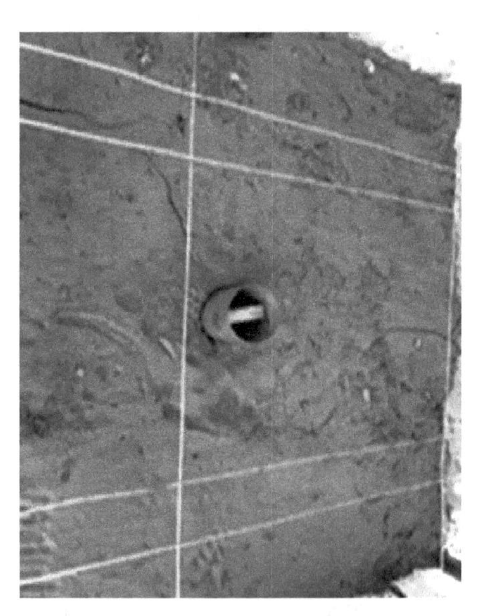

图 4-10　沉入土体中的模型桩

试样的含水率应按下式计算,精确至 0.1%:

$$w_0 = \left(\frac{m_0}{m_d} - 1\right) \times 100\% \tag{4-4}$$

式中,m_d为干土质量(g);m_0为湿土质量(g)。

(3)固结试验

一般用压缩性指标来描述土体的压缩性。可从压缩性指标的角度了解锥形-有孔柱形组合管桩静压沉桩前后土体工程特性变化。土体压缩系数 a_v 与压缩模量 E_s 通过固结试验测得,所用固结仪如图 4-11 所示。

(4)直剪试验

本试验对象为粉质黏土,所以采用快剪法进行直剪试验。每个位置需取得四个环刀试样进行不同垂直压力下的直剪试验。所用直剪仪如图4-12所示。

图4-11　固结仪

图4-12　直剪仪

通过以上试验所得数据,分析锥形-有孔柱形组合管桩沉桩前后土的物理力学性质变化规律。

2)静压沉桩过程引起的超孔隙水压力消散试验

向模型箱分层填筑软土,在水平和竖向不同位置按试验设计埋设9个孔压计,用来观测不同类型的锥形-有孔柱形组合管桩静压沉桩过程中超孔隙水压力的变化,孔压计测点布置如图4-13所示。由于模型箱预设高度为1.4m,考虑排水效果,在底层铺设150mm厚的垫层,第一次回填土厚度为350mm,基本整平后再次回填250mm厚的充分搅拌粉质软黏土并人工找平,用墨线定位该层3个孔压计的安放位置,安放过程中需要预先找平并在孔压计上方铺设细沙,如图4-14、图4-15所示。依据《孔隙水压力测试规程》(CECS 55:93)布置孔压计,随后继续回填土体250mm并整平,按步骤设另两层孔压计,最后一次回填量略高于设计高程以尽可能按抵消压缩沉降量。

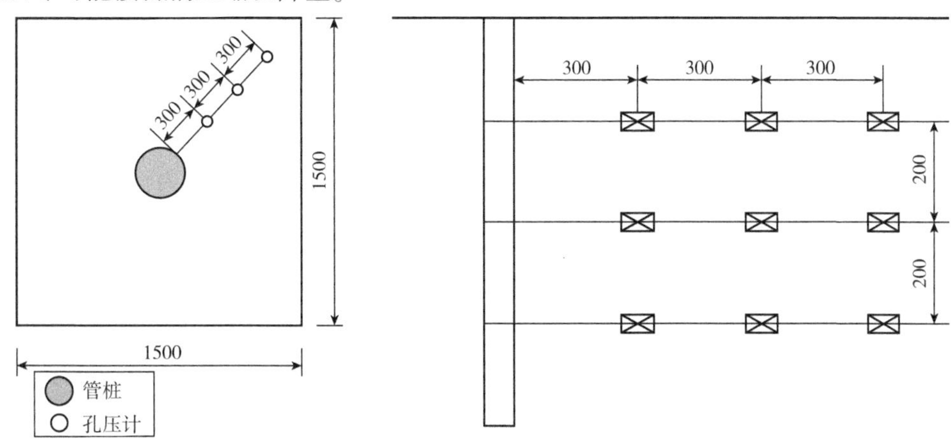

图4-13　孔压计布置图(尺寸单位:mm)

图 4-14　预先找平

图 4-15　铺设细砂

(1)超孔隙水压力峰值分析

沉桩过程中产生的超孔隙水压力峰值越大,对周边环境及构筑物产生的破坏越明显。降低超孔隙水压力峰值可对减轻管桩静压沉桩过程中断桩、偏移、邻桩上抬等破坏起到积极的改善作用。通过测试七组不同工况的锥形-有孔柱形组合管桩在静压沉桩时出现的超孔隙水压力峰值并进行对比,分析径向距离、竖向深度、桩径大小、开孔方式、锥度大小等因素对超孔隙水压力峰值变化规律的影响。

(2)超孔隙水压力时空消散分析

采用室内模型试验,通过静压沉桩的方式压入七组不同工况的锥形-有孔柱形组合管桩,分别对其沉桩时引起的超孔隙水压力进行观测和分析,揭示沉桩时间、径向距离、竖向深度等因素对各组管桩静压沉桩过程超孔隙水压力消散的影响。

3)沉桩过程引起的土体位移试验

模型箱分层填筑软土,在底层铺设 150mm 垫层后,每填筑 100mm 厚软黏土后,在上面铺设一层灰白色石灰粉用来分层观察,用摄像机拍摄每静压沉桩 100mm 时石灰层位移图像,并将图像导入 MATLAB,得到桩周土体位移数据,分析锥形-有孔柱形组合管桩静压沉桩过程中土体位移变化规律。

4.1.4　试验要点

锥形-有孔柱形组合管桩静压沉桩室内模型试验注意要点如下:

①模型坑地基土体回填,需要严格按照试验设计分层压实填筑以确保地基土体均匀密实。

②孔压计在埋设前与布设后均需进行测试,以保证孔压计在试验过程中正常工作。在孔压计埋设完毕、地基土体回填后,需将孔压计导线统一归并成股并加以必要保护。

③使用环刀取土器取土过程中,尽可能减轻对周围土体的扰动。取得土样后及时进行

相关室内土工试验。

④沉桩过程中尽可能保证桩体竖直匀速下沉，避免沉桩速度过快或过慢对试验结果造成影响。

4.2　静压沉桩前后土体物理力学指标变化规律分析

在深厚软土地基中，浅层土体通常含水率小，深层土体含有较多的地下水，导致浅层土的孔隙水压力较小，而深层土的孔隙水压力较大。本试验在浅层土体中采用不开孔的锥形管桩，在深层土体采用有孔柱形管桩，即桩体为锥形-有孔柱形组合管桩。本章根据七组不同工况的组合管桩静压沉桩室内模型试验，对比试验前后桩周土体物理力学参数指标变化情况，分析锥形-有孔柱形组合管桩能否改善沉桩挤土效应、提高复合地基承载力。

对七组不同工况的组合管桩（图 4-2）静压沉桩试验前后土体物理力学指标变化进行监测，取土测点布置见图 4-9。通过分析不同类型管桩静压沉桩前后含水率、压缩模量等物理力学参数的变化趋势，分析管桩是否开孔、开孔方式、锥度大小等参数变化对土体物理力学性质的影响。

4.2.1　各组组合管桩沉桩前后土体物理力学指标试验结果

各组锥形-有孔柱形组合管桩在静压沉桩前后的土体物理力学性质指标测量值如表 4-6~表 4-12 所示。

A 型管桩沉桩前后土体物理力学指标　　表 4-6

位置	时间	含水率 ω (%)	压缩系数 a_v (MPa^{-1})	压缩模量 E_s (MPa)	内摩擦角 φ (°)	黏聚力 C (kPa)
2*D*,250	沉桩前	41.23	0.75	2.784	19.27	40.81
	沉桩后	39.90	0.68	2.941	19.15	39.72
2*D*,500	沉桩前	42.56	0.74	2.734	18.10	40.16
	沉桩后	41.39	0.71	2.840	18.35	40.85
2*D*,750	沉桩前	43.64	0.78	2.712	18.03	39.03
	沉桩后	42.91	0.76	2.784	18.27	39.53
4*D*,250	沉桩前	41.58	0.74	2.782	19.14	40.46
	沉桩后	40.92	0.68	2.904	19.46	39.89
6*D*,250	沉桩前	41.44	0.73	2.780	19.49	39.94
	沉桩后	40.93	0.71	2.840	19.67	40.61

注：位置列，“2*D*,250”表示离桩心 2*D* 水平距离、250mm 深度，以此类推，下文余同。

B 型管桩沉桩前后土体物理力学指标 表 4-7

位置	时间	含水率 ω (%)	压缩系数 a_v (MPa^{-1})	压缩模量 E_s (MPa)	内摩擦角 φ (°)	黏聚力 C (kPa)
2D,250	沉桩前	42.15	0.82	2.540	18.15	40.15
	沉桩后	38.37	0.71	2.895	19.18	42.58
2D,500	沉桩前	43.27	0.85	2.536	17.87	40.28
	沉桩后	39.75	0.72	2.956	18.98	43.57
2D,750	沉桩前	43.75	0.87	2.519	17.34	39.68
	沉桩后	40.43	0.73	2.785	18.29	41.29
4D,250	沉桩前	42.26	0.83	2.538	18.09	41.30
	沉桩后	39.05	0.76	2.824	19.09	43.65
6D,250	沉桩前	42.57	0.81	2.539	18.58	40.98
	沉桩后	40.26	0.78	2.673	18.97	43.07

C 型管桩沉桩前后土体物理力学指标 表 4-8

位置	时间	含水率 ω (%)	压缩系数 a_v (MPa^{-1})	压缩模量 E_s (MPa)	内摩擦角 φ (°)	黏聚力 C (kPa)
2D,250	沉桩前	42.53	0.78	2.723	18.27	40.31
	沉桩后	38.01	0.65	3.222	19.68	43.15
2D,500	沉桩前	43.68	0.80	2.719	17.86	39.29
	沉桩后	39.88	0.65	3.302	19.57	42.73
2D,750	沉桩前	44.79	0.83	2.717	17.73	38.27
	沉桩后	41.71	0.69	3.360	18.76	40.96
4D,250	沉桩前	43.27	0.79	2.697	17.73	39.37
	沉桩后	39.75	0.67	3.064	18.35	41.69
6D,250	沉桩前	43.14	0.79	2.689	17.68	39.33
	沉桩后	40.86	0.75	2.874	18.17	41.47

D 型管桩沉桩前后土体物理力学指标 表 4-9

位置	时间	含水率 ω (%)	压缩系数 a_v (MPa^{-1})	压缩模量 E_s (MPa)	内摩擦角 φ (°)	黏聚力 C (kPa)
2D,250	沉桩前	42.86	0.82	2.637	18.22	38.91
	沉桩后	40.06	0.71	2.997	20.65	41.78
2D,500	沉桩前	43.74	0.85	2.589	17.94	39.37
	沉桩后	41.09	0.72	2.990	19.32	40.94
2D,750	沉桩前	44.21	0.87	2.543	17.35	38.47
	沉桩后	41.88	0.74	2.816	18.96	40.19

续上表

位置	时间	含水率 ω (%)	压缩系数 a_v (MPa^{-1})	压缩模量 E_s (MPa)	内摩擦角 φ (°)	黏聚力 C (kPa)
$4D$,250	沉桩前	42.84	0.83	2.632	18.18	39.03
	沉桩后	40.37	0.76	2.928	19.87	40.99
$6D$,250	沉桩前	42.67	0.83	2.651	18.29	39.67
	沉桩后	40.87	0.80	2.751	18.79	40.58

B_1型管桩沉桩前后土体物理力学指标　　表 4-10

位置	时间	含水率 ω (%)	压缩系数 a_v (MPa^{-1})	压缩模量 E_s (MPa)	内摩擦角 φ (°)	黏聚力 C (kPa)
$2D$,250	沉桩前	42.23	0.82	2.562	18.63	40.27
	沉桩后	38.53	0.71	2.912	19.24	42.19
$2D$,500	沉桩前	43.15	0.85	2.543	17.95	40.19
	沉桩后	39.71	0.72	2.948	18.87	42.09
$2D$,750	沉桩前	43.76	0.86	2.517	17.34	39.97
	沉桩后	40.56	0.73	2.785	18.19	41.76
$4D$,250	沉桩前	42.25	0.83	2.558	18.14	41.35
	沉桩后	39.08	0.75	2.865	19.15	43.09
$6D$,250	沉桩前	42.48	0.82	2.560	18.62	41.07
	沉桩后	40.36	0.78	2.705	18.97	42.69

B_2型管桩沉桩前后土体物理力学指标　　表 4-11

位置	时间	含水率 ω (%)	压缩系数 a_v (MPa^{-1})	压缩模量 E_s (MPa)	内摩擦角 φ (°)	黏聚力 C (kPa)
$2D$,250	沉桩前	43.10	0.83	2.624	18.54	39.48
	沉桩后	39.41	0.74	2.986	19.19	41.89
$2D$,500	沉桩前	43.59	0.84	2.598	17.87	38.93
	沉桩后	40.11	0.73	3.005	18.93	41.76
$2D$,750	沉桩前	44.21	0.86	2.537	17.48	38.56
	沉桩后	40.97	0.73	2.789	18.20	41.43
$4D$,250	沉桩前	43.07	0.83	2.620	18.48	39.93
	沉桩后	39.76	0.76	3.091	19.12	42.07
$6D$,250	沉桩前	43.12	0.83	2.622	18.51	39.87
	沉桩后	41.24	0.79	2.780	18.94	41.05

E 型管桩沉桩前后土体物理力学指标　　表 4-12

位置	时间	含水率 ω (%)	压缩系数 a_v (MPa^{-1})	压缩模量 E_s (MPa)	内摩擦角 φ (°)	黏聚力 C (kPa)
2D,250	沉桩前	42.76	0.72	2.724	18.04	39.24
	沉桩后	38.87	0.57	3.133	19.53	43.03
2D,500	沉桩前	43.63	0.75	2.697	17.54	37.94
	沉桩后	39.93	0.59	3.221	19.23	41.54
2D,750	沉桩前	44.87	0.79	2.673	17.03	37.04
	沉桩后	41.28	0.71	3.028	18.44	40.03
4D,250	沉桩前	42.81	0.71	2.723	18.10	39.43
	沉桩后	39.41	0.62	3.158	19.23	42.04
6D,250	沉桩前	42.87	0.71	2.725	18.07	39.21
	沉桩后	40.74	0.68	2.895	18.84	41.87

4.2.2 沉桩前后土体物理力学指标变化分析

1) 土体含水率指标

本节对七组不同工况的组合管桩静压沉桩前后桩周土体含水率进行分析。土体含水率 ω 能直观反映土体孔隙水压力的消散情况,而土体力学参数可以直观反映复合地基承载力的变化情况。从各测点处桩周土体物理力学指标角度分析锥形-有孔柱形组合管桩静压沉桩前后桩周土体变化,以验证这种组合管桩加速静压沉桩过程中超孔隙水压力时空消散的功效。

锥形-有孔柱形组合管桩桩身开孔的主要目的是加速静压沉桩过程中超孔隙水压力的消散,促进桩周土体中的孔隙水排出,而孔隙水排出会直接导致土体的含水率降低。含水率降幅可以直观地反映锥形-有孔柱形组合管桩排水效果。表 4-13 显示了七组不同工况的组合管桩静压沉桩试验前后各测点处土体含水率的变化状况。七组试验中,桩周土体含水率在沉桩后均出现了不同程度的减小。

七组管桩静压沉桩试验前后土体含水率变化情况(单位:%)　　表 4-13

位置	时间	管桩类型						
		A	B	C	D	B_1	B_2	E
2D,250	沉桩前	41.23	42.15	42.53	42.86	42.23	43.10	42.76
	沉桩后	39.90	38.37	38.01	40.06	38.53	39.41	38.87
2D,500	沉桩前	42.56	43.27	43.68	43.74	43.15	43.59	43.63
	沉桩后	41.39	39.75	39.88	41.09	39.71	40.11	39.93
2D,750	沉桩前	43.64	43.75	44.79	44.21	43.76	44.21	44.87
	沉桩后	42.91	40.43	41.71	41.88	40.56	40.97	41.28

续上表

位置	时间	管桩类型						
		A	B	C	D	B_1	B_2	E
$4D$,250	沉桩前	41.58	42.26	43.27	42.84	42.25	43.07	42.81
	沉桩后	40.92	39.05	39.75	40.37	39.08	39.76	39.41
$6D$,250	沉桩前	41.44	42.57	43.14	42.67	42.48	43.12	42.87
	沉桩后	40.93	40.26	40.86	40.87	40.36	41.24	40.74

为了更加明显地表征土体含水率折减情况，将相关数据列表，如表 4-14 所示。该表显示七组不同工况的组合管桩静压沉桩前后在不同竖向深度和径向距离两个方向上土体含水率折减情况。

七组管桩静压沉桩试验前后土体含水率折减率(单位:%)　　表 4-14

方向	位置	管桩类型						
		A	B	C	D	B_1	B_2	E
竖向	$2D$,250	3.23	8.97	10.63	6.53	8.75	8.57	9.10
	$2D$,500	2.76	8.14	8.71	6.05	7.98	7.98	8.49
	$2D$,750	1.67	7.58	6.87	5.28	7.32	7.32	8.01
径向	$2D$,250	3.23	8.97	10.63	6.53	8.75	8.57	9.10
	$4D$,250	1.59	7.60	8.14	5.77	7.51	7.68	7.94
	$6D$,250	1.24	5.43	5.29	4.23	4.98	4.37	4.96

通过观察、分析表 4-14 中数据，不难发现，相较于无孔锥形-柱形组合管桩而言，锥形-有孔柱形组合管桩静压沉桩更明显地降低了桩周软黏土含水率，原因是在锥形-有孔柱形组合管桩静压沉桩过程中，管桩会对桩周土体产生挤压密实作用。由于管桩桩身设有排水孔，会使桩周软黏土中的孔隙水由排水孔进入管桩内腔，使得桩周土体含水率降低，因此各组有孔管桩沉桩后桩周土体含水率出现较大折减，而无孔锥形-柱形组合管桩各测点处土体含水率降幅较小。在其他试验设计参数相同的情况下，不同开孔方式的锥形-有孔柱形组合管桩中，双向对穿型含水率折减率最大，折减率高达 10.63%，其原因是双向对穿型锥形-有孔柱形组合管桩相对其他开孔方式，开孔个数最多，对孔隙水的排出更为有利。在开孔方式、桩径大小相同的情况下，管桩锥度越大，含水率折减率越明显，其原因是锥度越大，沉桩过程中接触面积越大，对桩周土体挤压密实作用越强，加速软土中孔隙水进入管桩内腔；而在开孔方式、锥度大小相同的情况下，管桩桩径越大，排水孔越大，含水率折减越明显。

2) 土体压缩指标

按照理论分析，锥形-有孔柱形组合管桩静压沉桩过程中，桩周土体的孔隙水由排水孔进入管桩内腔，加速桩周土体的固结，能够减少管桩在软黏土地基上静压沉桩过程中的地基不均匀沉降，还可以提升复合地基承载力。在室内模型试验中，土体压缩指标可以反映桩周土体的固结效果。表 4-15、表 4-16 反映了七组不同工况的管桩静压沉桩前后各测点处土体压缩指标(压缩系数和压缩模量)变化情况。七组试验中,桩周土体压缩系数在沉桩后均出现不同程度的减小,压缩模量则变大。

七组管桩静压沉桩试验前后土体压缩系数变化(单位:MPa^{-1})　　**表 4-15**

位置	时间	管桩类型						
		A	B	C	D	B_1	B_2	E
2*D*,250	沉桩前	0.75	0.82	0.78	0.82	0.82	0.83	0.72
	沉桩后	0.68	0.71	0.65	0.71	0.71	0.74	0.57
2*D*,500	沉桩前	0.74	0.85	0.80	0.58	0.83	0.84	0.75
	沉桩后	0.71	0.72	0.65	0.72	0.72	0.73	0.59
2*D*,750	沉桩前	0.78	0.87	0.83	0.87	0.86	0.86	0.79
	沉桩后	0.76	0.73	0.69	0.74	0.73	0.73	0.71
4*D*,250	沉桩前	0.74	0.83	0.79	0.83	0.83	0.83	0.71
	沉桩后	0.69	0.76	0.67	0.76	0.75	0.76	0.62
6*D*,250	沉桩前	0.73	0.81	0.79	0.83	0.82	0.83	0.71
	沉桩后	0.71	0.78	0.75	0.80	0.78	0.79	0.68

七组管桩静压沉桩试验前后土体压缩模量变化(单位:MPa)　　**表 4-16**

位置	时间	管桩类型						
		A	B	C	D	B_1	B_2	E
2*D*,250	沉桩前	2.784	2.540	2.723	2.637	2.562	2.624	2.724
	沉桩后	2.941	2.895	3.222	2.997	2.912	2.986	3.133
2*D*,500	沉桩前	2.734	2.536	2.719	2.589	2.543	2.598	2.697
	沉桩后	2.840	2.956	3.302	2.990	2.948	3.005	3.221
2*D*,750	沉桩前	2.712	2.519	2.717	2.543	2.517	2.537	2.673
	沉桩后	2.784	2.785	3.088	2.816	2.785	2.789	3.028
4*D*,250	沉桩前	2.782	2.538	2.697	2.632	2.558	2.620	2.723
	沉桩后	2.904	2.824	3.064	2.928	2.865	3.090	3.158
6*D*,250	沉桩前	2.780	2.539	2.689	2.651	2.560	2.622	2.725
	沉桩后	2.840	2.673	2.874	2.751	2.705	2.780	2.895

为更加直观地了解土体压缩指标变化情况,表 4-17 和表 4-18 分别给出了七组管桩静压沉桩前后不同竖向深度和径向距离的土体压缩系数的折减率与压缩模量变化情况。

七组管桩静压沉桩试验前后土体压缩系数变化率(单位:%)　　**表 4-17**

方向	位置	管桩类型						
		A	B	C	D	B_1	B_2	E
竖向	2*D*,250	-9.3	-13.41	-16.67	-13.41	-13.41	-10.84	-20.83
	2*D*,500	-4.1	-15.29	-18.75	-15.29	-15.29	-13.10	-21.33
	2*D*,750	-2.6	-16.09	-16.87	-14.94	-15.12	-15.12	-10.13

续上表

方向	位置	管桩类型						
		A	B	C	D	B_1	B_2	E
径向	2*D*,250	-9.3	-13.41	-16.67	-13.41	-13.41	-10.84	-20.83
	4*D*,250	-8.1	-8.43	-15.19	-8.43	-9.64	-8.43	-12.68
	6*D*,250	-2.7	-3.70	-5.06	-3.61	-4.88	-4.82	-4.23

七组管桩静压沉桩试验前后土体压缩模量变化率(单位:%)　　**表4-18**

方向	位置	管桩类型						
		A	B	C	D	B_1	B_2	E
竖向	2*D*,250	5.65	13.97	18.34	13.65	13.68	13.78	15.03
	2*D*,500	3.87	16.58	21.43	15.48	15.93	15.68	19.43
	2*D*,750	2.64	10.57	13.67	10.72	10.64	9.97	13.28
径向	2*D*,250	5.65	13.97	18.34	13.65	13.68	13.78	15.03
	4*D*,250	4.37	11.29	13.59	11.24	12.01	17.93	15.97
	6*D*,250	2.16	5.26	6.87	3.78	5.68	6.03	6.24

如表4-17、表4-18所示,距离沉桩中心点6*D*处土体压缩系数的降幅和压缩模量的增幅相较于2*D*和4*D*处明显缩小,说明压缩系数和压缩模量与沉桩挤土效应的影响范围有关。较深层土体受沉桩挤土效应和上部覆盖土体自重应力共同影响,压缩指标变化较为明显。其中,最明显的是500mm深度和距离桩心中点2*D*测点处的土体,双向对穿、锥度1/70的锥形-有孔柱形组合管桩静压沉桩后压缩系数折减率达到18.75%,压缩模量增幅达到21.43%。由表4-17、表4-18可以发现,各组试验中,锥形-有孔柱形组合管桩各测点处土体压缩系数折减率和压缩模量增幅均明显大于无孔锥形-柱形组合管桩,对压缩指标影响最为明显的是桩径109mm、双向对穿、锥度1/70的锥形-有孔柱形组合管桩,3组不同锥度的锥形-有孔柱形组合管桩静压沉桩后桩周土体压缩指标差异不明显。由于土体压缩系数减小和压缩模量增大说明土体压缩性减小,从试验得出的压缩指标变化规律可以发现,锥形-有孔柱形组合管桩沉桩后,土体压缩性有明显减小。

上述试验数据表明,锥形-有孔柱形组合管桩在静压沉桩过程中能加快土体排水固结,可减少管桩沉桩施工后不均匀沉降。

3)土体抗剪强度指标

土体抗剪强度指标包括黏聚力和内摩擦角。影响土体抗剪强度的因素有很多,例如含水率、外界荷载作用等。管桩静压沉桩过程会扰动桩周土体,影响土体抗剪强度。锥形-有孔柱形组合管桩能有效加速土体中超孔隙水压力消散,加速土体固结,改善土体抗剪强度。七组管桩静压沉桩前后桩周不同位置处土体抗剪强度指标变化情况如表4-19、表4-20所示。

七组管桩静压沉桩试验前后土体内摩擦角(单位:°) 表 4-19

位置	时间	管桩类型						
		A	B	C	D	B_1	B_2	E
$2D$,250	沉桩前	19.27	18.15	18.26	18.22	18.63	18.54	18.04
	沉桩后	19.15	20.52	21.12	20.27	21.07	20.83	20.61
$2D$,500	沉桩前	18.10	17.87	17.35	18.14	17.95	18.19	17.48
	沉桩后	18.35	20.78	20.63	20.75	20.66	20.79	20.44
$2D$,750	沉桩前	18.03	17.68	17.21	17.95	17.34	17.96	17.03
	沉桩后	18.27	19.94	19.75	19.83	19.47	20.11	19.34
$4D$,250	沉桩前	19.14	18.09	18.08	18.17	18.14	18.32	18.02
	沉桩后	19.46	19.71	19.86	19.49	19.91	19.80	19.85
$6D$,250	沉桩前	19.49	18.25	18.02	18.26	18.62	18.60	18.07
	沉桩后	19.67	19.12	19.24	18.95	19.71	19.57	19.20

七组管桩静压沉桩试验前后土体黏聚力 C(单位:kPa) 表 4-20

位置	时间	管桩类型						
		A	B	C	D	B_1	B_2	E
$2D$,250	沉桩前	40.81	40.15	40.28	39.91	39.27	39.48	39.24
	沉桩后	39.72	44.96	45.87	44.08	43.68	43.50	43.95
$2D$,500	沉桩前	40.16	40.28	39.23	39.75	39.19	38.73	39.40
	沉桩后	40.85	45.83	45.60	44.33	44.50	43.64	45.12
$2D$,750	沉桩前	39.03	39.68	38.15	39.53	38.97	38.21	38.96
	沉桩后	39.53	44.27	43.47	43.38	43.25	42.23	43.65
$4D$,250	沉桩前	40.46	40.06	39.45	39.03	39.35	39.35	39.07
	沉桩后	39.89	43.16	43.78	41.36	42.53	42.23	42.46
$6D$,250	沉桩前	39.94	40.37	39.67	39.25	40.07	39.47	39.35
	沉桩后	40.61	42.78	43.23	40.51	42.46	41.85	42.16

各组试验中,桩周土体黏聚力与内摩擦角数值在静压沉桩后呈现不同程度增大,但存在部分测点位置内摩擦角和黏聚力出现减小的情况。表 4-21、表 4-22 分别给出了七组管桩静压沉桩前后不同径向距离和深度两个方向土体黏聚力和内摩擦角的变化率。

七组管桩静压沉桩试验前后土体内摩擦角变化率(单位:%) 表 4-21

方向	位置	管桩类型						
		A	B	C	D	B_1	B_2	E
竖向	$2D$,250	-0.62	13.06	15.65	11.25	13.12	12.34	14.25
	$2D$,500	1.38	16.27	18.93	14.37	15.07	14.27	16.94
	$2D$,750	1.33	12.78	14.78	10.46	12.27	11.96	13.57

续上表

方向	位置	管桩类型						
		A	B	C	D	B_1	B_2	E
径向	2*D*,250	-0.62	13.06	15.65	11.25	13.12	12.34	14.25
	4*D*,250	1.67	8.93	9.83	7.25	9.76	8.09	10.17
	6*D*,250	0.92	4.76	6.78	3.78	5.86	5.21	6.24

七组管桩静压沉桩试验前后土体黏聚力变化率(单位,%)　　　表 4-22

方向	位置	管桩类型						
		A	B	C	D	B_1	B_2	E
竖向	2*D*,250	-2.67	11.97	13.87	10.45	11.24	10.17	12.01
	2*D*,500	1.72	13.79	16.25	11.53	13.56	12.67	14.53
	2*D*,750	1.28	11.56	13.94	9.73	10.97	10.53	12.05
径向	2*D*,250	2.67	11.97	13.87	10.45	11.24	10.17	12.01
	4*D*,250	1.41	7.74	10.98	5.98	8.09	7.32	8.65
	6*D*,250	1.68	5.97	8.97	3.21	5.97	6.04	7.13

如表 4-21、表 4-22 所示,相较于无孔锥型-柱形组合管桩,各组锥形-有孔柱形组合管桩静压沉桩后,土体内摩擦角和黏聚力明显增大,其原因是土体的抗剪强度和含水率息息相关。桩身开孔可以让锥形-有孔柱形组合管桩静压沉桩过程中桩周土体孔隙水排入管桩内腔,软黏土含水率降低,土体颗粒之间的孔隙变小,导致内摩擦角增大,黏聚力增大,土体抗剪强度增大,土体抗剪强度增幅随径向距离增大而减小,而沿竖向深度的变化率相对较小。另外发现无孔锥形-柱形组合管桩静压沉桩后,2*D* 径向距离、250mm 深度处土体强度增幅出现负值,土体强度降低,可能是由于无孔锥形-柱形组合管桩未设置排水孔,导致超孔隙水压力消散不及时。并且由表 4-21、表 4-22 可知,土体内摩擦角和黏聚力均在 2*D* 径向距离、500mm 深度处最大,109mm 桩径、双向对穿、1/70 锥度的锥形-有孔柱形组合管桩沉桩后土体黏聚力增幅达 16.25%,内摩擦角增幅达 18.93%。

通过对各组管桩静压沉桩后不同测点处土体的剪切试验可以发现,锥形-有孔柱形组合管桩设有排水孔,使软土内孔隙水排出,会使桩周土体强度在静压沉桩施工期间有明显提升,试验结果也验证了锥形-有孔柱形组合管桩对改善软弱地基土体抗剪强度有显著效果。

4.2.3　静压沉桩前后土体物理力学指标影响因素分析

本节从管桩开孔方式、锥度大小两个方面,来研究不同工况的锥形-有孔柱形组合管桩静压沉桩前后土体物理力学指标的变化规律。

1) 开孔方式

图 4-16 为三种不同开孔方式的锥形-有孔柱形组合管桩和一组无孔锥形-柱形组合管桩静压沉桩前后土体物理力学指标变化规律。

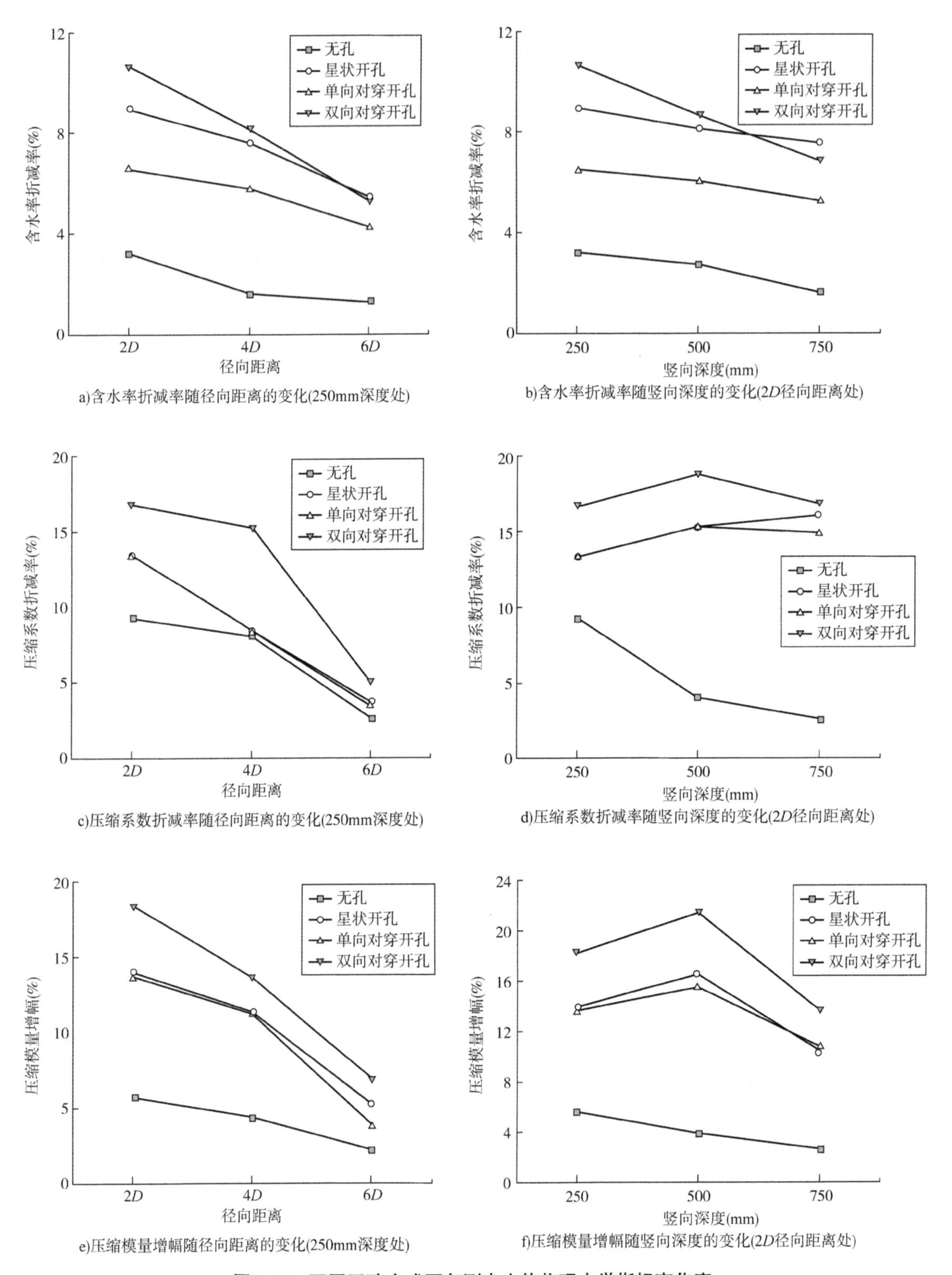

a)含水率折减率随径向距离的变化(250mm深度处)

b)含水率折减率随竖向深度的变化(2D径向距离处)

c)压缩系数折减率随径向距离的变化(250mm深度处)

d)压缩系数折减率随竖向深度的变化(2D径向距离处)

e)压缩模量增幅随径向距离的变化(250mm深度处)

f)压缩模量增幅随竖向深度的变化(2D径向距离处)

图 4-16　不同开孔方式下各测点土体物理力学指标变化率

由图 4-16a)~f)可以发现,相较于无孔锥形-柱形组合管桩而言,锥形-有孔柱形组合管桩对桩周土体含水率、压缩指标和抗剪强度指标都有着积极的改善作用,可以明显提升软黏土地基的承载力。对比三种不同开孔方式的锥形-有孔柱形组合管桩的数据,发现三种不同开孔方式中,双向对穿开孔型锥形-有孔柱形组合管桩各项物理力学指标参数变化幅度最大,星状开孔型次之,单向对穿开孔型最小。原因是桩身开孔越多,土体物理力学性质变化越显著。但单向对穿开孔型和星状开孔型的锥形-有孔柱形组合管桩土体物理力学指标变化率差异不大,并且桩身开孔数量太多也会影响桩身承载力,因此需在保证桩身承载力和改善软弱地基土体条件这两个前提下选择合适的开孔方式。对于所有管桩,在径向距离 6D、竖向深度 750mm 处土体物理力学指标变化效果均不明显。

2)锥度大小

1/70、1/80、1/90 三种锥度的锥形-有孔柱形组合管桩静压沉桩前后桩周土体物理力学性质指标变化规律如图 4-17 所示。

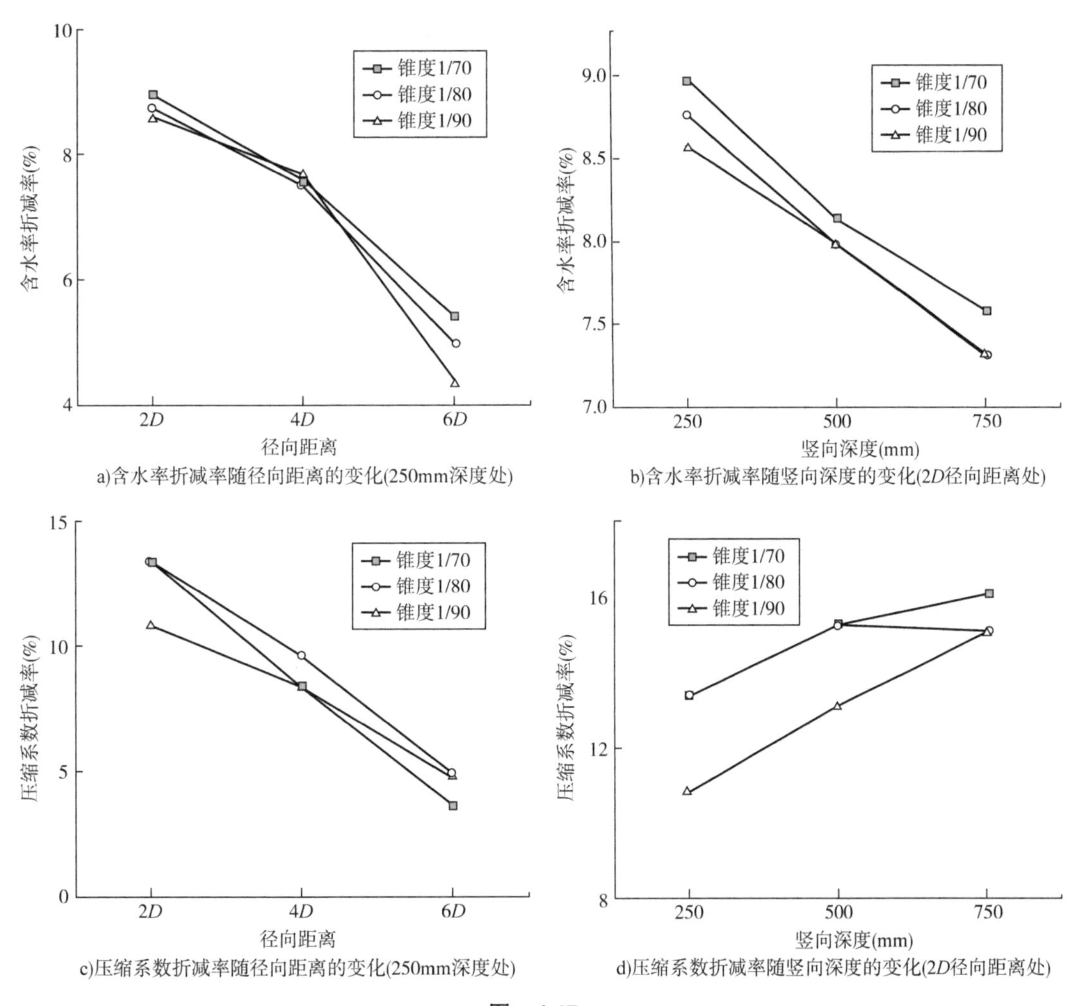

图　4-17

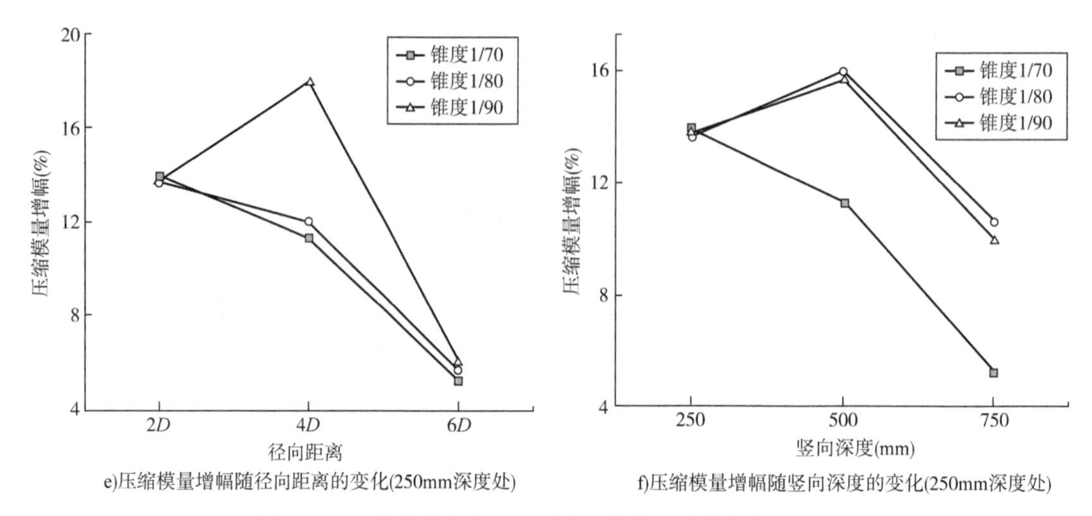

e)压缩模量增幅随径向距离的变化(250mm深度处)　f)压缩模量增幅随竖向深度的变化(250mm深度处)

图 4-17　不同锥度大小下各测点土体物理力学指标变化率

由图 4-17a)~f)可以发现,锥形-有孔柱形组合管桩锥度大小对桩周土体含水率的影响并不明显,但对土的压缩系数和压缩模量有明显的影响,锥度 1/70 的锥形-有孔柱形组合管桩物理指标变化幅度相较于锥度为 1/80、1/90 的锥形-有孔柱形组合管桩稍有增大。原因可能是锥度越大,锥形上端桩径越大,锥形-有孔柱形组合管桩对桩周土体的挤压密实作用越强。

4.3　静压沉桩引起的超孔隙水压力变化规律分析

深厚软土地基中,在预应力混凝土管桩静压沉桩时,桩周土体的超孔隙水压力急剧上升,会对周边构筑物产生不利影响。

锥形-有孔柱形组合管桩在理论上不仅可以减小超孔隙水压力峰值、加速超孔隙水压力消散,还能增大面积置换率、使软弱地基的承载力得到提高。基于锥形-有孔柱形组合管桩室内模型试验,分析锥形-有孔柱形组合管桩静压沉桩过程中时间、竖向深度、径向距离、开孔方式、锥度大小等因素对超孔隙水压力的影响。

4.3.1　超孔隙水压力变化规律

通过前述锥形-有孔柱形组合管桩室内模型试验,得出各测点处超孔隙水压力数值的变化趋势,分析七组不同工况的组合管桩静压沉桩试验产生的超孔隙水压力随时间、竖向深度和径向距离等因素的变化规律。

1)时间因素

七组不同工况的组合管桩静压沉桩过程中,桩周土体超孔隙水压力随时间的变化曲线如图 4-18a)~g)所示。图中,U1~U8 代表各测点。

通过观察七组不同工况的组合管桩桩周各测点处桩周土体超孔隙水压力随时间的变化曲线可以发现,各组管桩静压沉桩时超孔隙水压力变化的总体趋势都为先急剧上升、后缓慢下降。由于各组管桩静压沉桩均为室内模型试验,每根桩静压沉桩过程大约耗时 1h,超孔隙水压力不会在沉桩初期就迅速达到孔隙水压力峰值；并且，由于试验中所选用的模型桩桩体直径较大，随着管桩静压入模型箱内的模拟软黏土地基中，桩周土体会受到竖向和径向的挤压作用，导致软土中的孔隙水来不及消散，产生了较大的孔隙水压力。

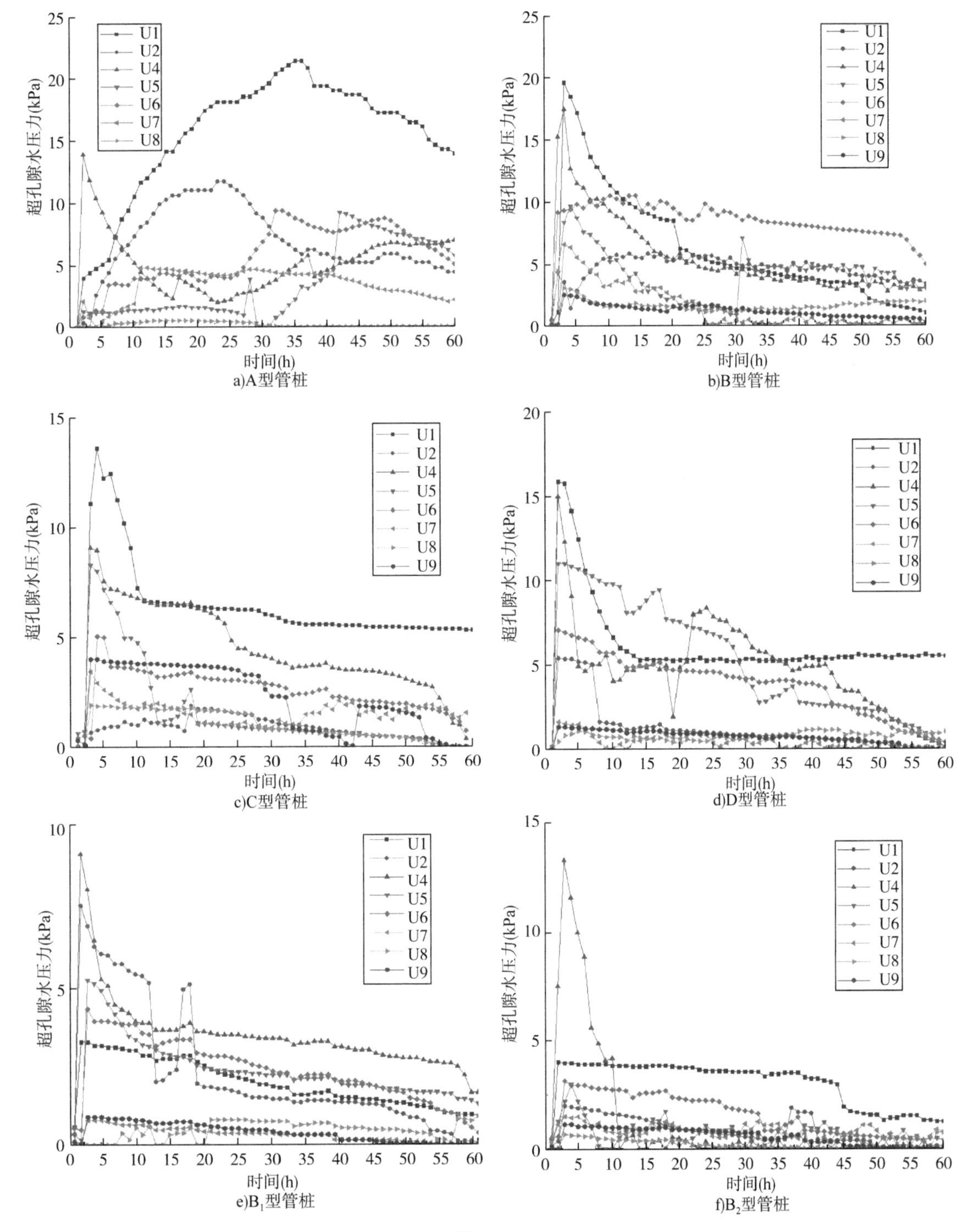

a)A型管桩　b)B型管桩　c)C型管桩　d)D型管桩　e)B_1型管桩　f)B_2型管桩

图　4-18

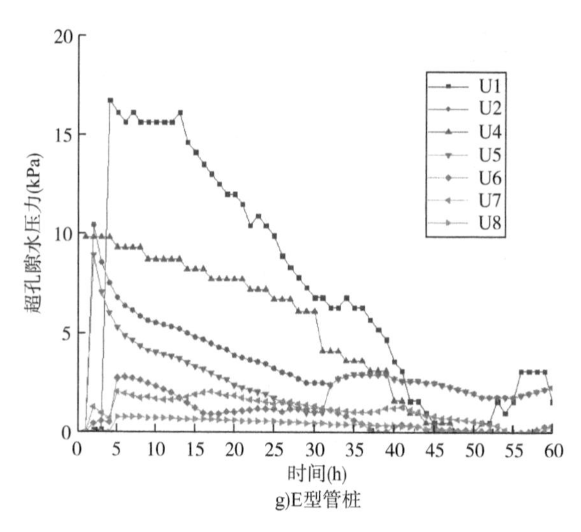

g)E型管桩

图 4-18 各组管桩超孔隙水压力随时间的变化

依据图 4-18,七组组合管桩均在静压沉桩开始后 1~3h 内达到超孔隙水压力峰值,在 3~50h 时间段内超孔隙水压力逐渐消散;无孔锥形-柱形组合管桩超孔隙水压力值在静压沉桩开始后 3~20h 逐渐增大,在 20~50h 才缓慢消散,但试验中测点 U1 处孔隙水压力计数据异常,其在静压沉桩开始后 20~35h 仍然呈增长状态。通过对比发现锥形-有孔柱形组合管桩桩周土体超孔隙水压力消散速度比无孔锥形-柱形组合管桩明显(关系曲线斜率较大,呈陡降型),充分体现了锥形-有孔柱形组合管桩桩壁开孔的优势。桩周土体超孔隙水压力消散缓慢的原因可能是:软黏土本身渗透性能较差,无孔锥形-柱形组合管桩未设置排水孔,导致超孔隙水压力消散速度相对于锥形-有孔柱形组合管桩更缓慢。

对比图 4-18a)~g)孔隙水压力消散末期(沉桩后 50~60h)发现,无孔锥形-柱形组合管桩各测点处孔隙水压力数值保持原有变化规律,各类锥形-有孔柱形组合管桩各测点孔隙水压力数值逐渐趋近,显示桩周土体各测点位置处孔隙水压力消散趋于稳定。其原因可能有:①软黏土渗透系数较小,并且在静压沉桩过程中没有额外施加上部荷载作用,孔隙水压力消散完全依靠模型箱内土体自重应力以及桩周土体挤压密实作用;②在孔隙水压力消散过程中,未将锥形-有孔柱形组合管桩内腔中排出的孔隙水及时抽出,导致锥形-有孔柱形组合管桩的排水效率未得到充分发挥,并且试验期间天气较为炎热,模型箱内土样含水率会有所折减,试验期间周边试验室正在进行装配式叠合板试验,也会造成试验数据波动。

对比图 4-18a)~d),分析 109mm 桩径的无孔锥形-柱形组合管桩和三组不同开孔方式的锥形-有孔柱形组合管桩超孔隙水压力时空消散,发现锥形-有孔柱形组合管桩超孔隙水压力消散速度较无孔锥-柱形组合管桩而言明显加快,锥形-有孔柱形组合管桩在 30h 左右就基本和无孔锥-柱形组合管桩 50h 后的超孔隙水压力消散速度大致相同。

对比三种不同开孔方式的锥形-有孔柱形组合管桩的超孔隙水压力消散情况发现:星状开孔型和双向对穿开孔型的锥形-有孔柱形组合管桩初期的消散速度快于单向对穿开孔型的锥形-有孔柱形组合管桩,但在试验过程中未能及时抽出管桩内腔排出的孔隙水,导致管桩的排水效率未能得到充分发挥,导致各类锥形-有孔柱形组合管桩在后期(50~60h)的超孔隙水压力消散情况大致相同。

对比图4-18d)~f)，发现在均是星状开孔的情况下，1/90锥度和1/70锥度的管桩的超孔隙水压力消散速度在10~50h较快，1/80锥度的管桩的超孔隙水压力消散速度较慢，而在50~60h时间段内三种不同锥度的管桩的超孔隙水压力消散速度大致相同。

对比图4-18b)和图4-18g)，发现在均是星状开孔、锥度为1/70的情况下，127mm管径的管桩的超孔隙水压力较109mm管径的管桩的孔隙水压力峰值小、消散速度快，原因可能是在占孔率相同的情况下，管径越大的管桩开孔越大，导致孔隙水压力峰值变小，超孔隙水压力消散速度加快。

通过以上对比可以发现，管桩静压沉桩时产生的超孔隙水压力完全消散是一个漫长的过程，对比无孔锥形-柱形组合管桩，锥形-有孔柱形组合管桩在超孔隙水压力消散时间方面有着明显的优势，管桩桩身开孔能有效提高超孔隙水压力消散速度，减轻静压沉桩过程中产生的超孔隙水压力对周边环境的危害。

2)竖向深度

为研究锥形-有孔柱形组合管桩超孔隙水压力在不同土层竖向深度处产生和消散的差异，取距离桩径中心$6D$的400mm、600mm和800mm深度处测点的超孔隙水压力进行比较，如图4-19所示。

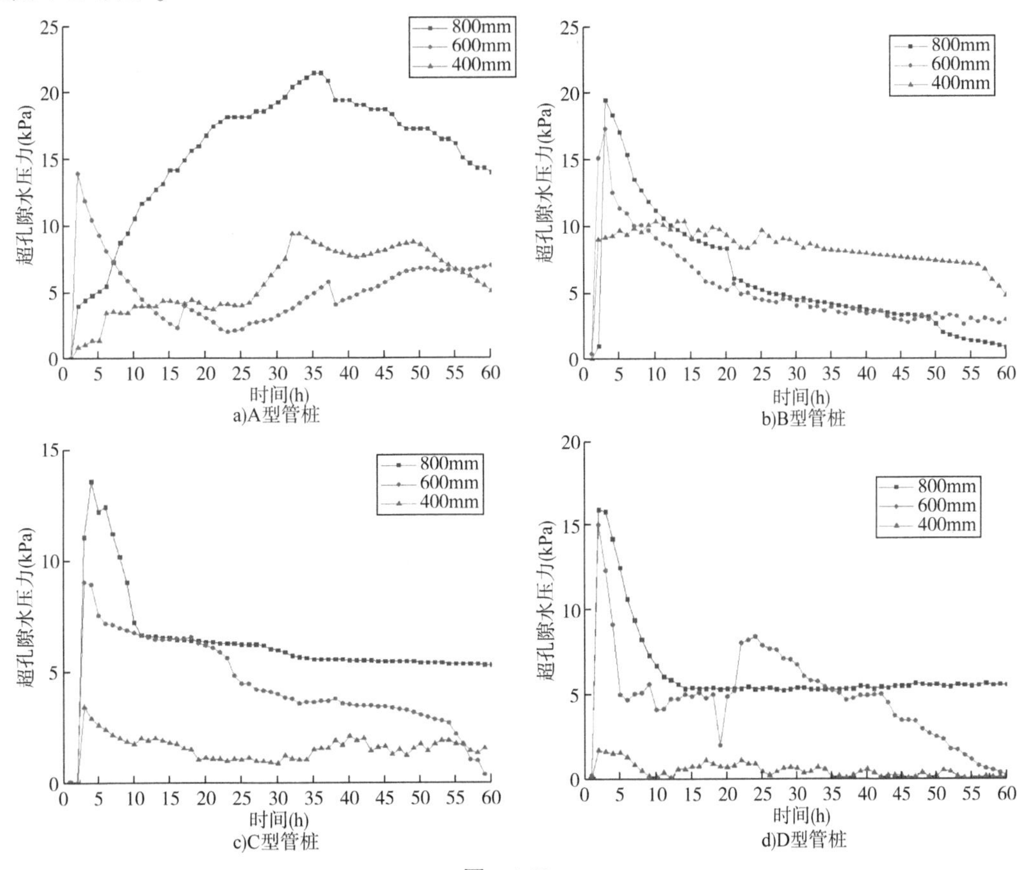

图　4-19

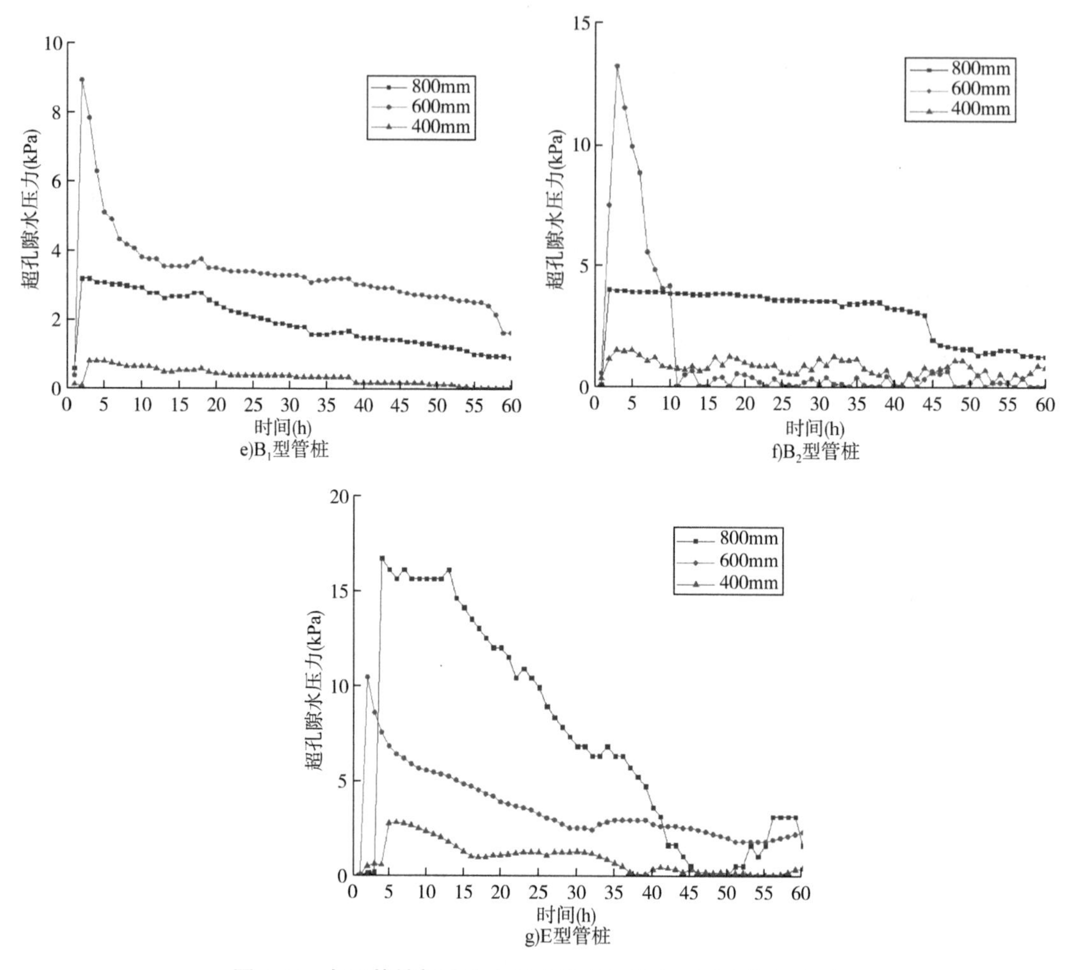

图 4-19　各组管桩超孔隙水压力变化与竖向深度变化的关系

对比图 4-19,发现七组不同工况的组合管桩静压沉桩后,浅层位置测点处桩周土体超孔隙水压力较小,随着竖向深度的增加,超孔隙水压力逐渐增大。由图 4-19a)可以发现无孔锥形-柱形组合管桩静压沉桩后地基土体内 400mm、600mm 深度处孔隙水压力变化速度(关系曲线斜率)接近,但 800mm 深度处孔隙水压力在 35h 后才开始逐渐消散,可能是因为 800mm 处深度较深,软黏土自重压力较大,且无排水孔帮助管桩消散孔隙水压力。由图 4-19b)~g)可以发现,超孔隙水压力与深度有明显关系,消散速度(关系曲线斜率)大致相近,但是在图 4-19b)~g)中各组锥形-有孔柱形管桩在(50~60h)处孔隙水压力消散后又有上升,且有部分 400mm 处测点数据回升至接近 600mm 处测点数据,原因可能是静压沉桩过程中孔隙水由排水孔处流入管桩内腔,未能及时抽出,在管桩沉桩完毕后的静置过程中,管桩内腔的孔隙水回流,导致孔隙水压力有所波动。对比图 4-19a)和图 4-19b)~g)可以发现,桩周土体的超孔隙水压力峰值随着竖向深度的增加而增大,超孔隙水压力消散速度随竖向深度的增加而增大。

3)径向距离

为研究锥形-有孔柱形组合管桩静压沉桩过程中相同竖向深度、不同径向距离的测点处超孔隙水压力的产生和消散差异,取 600mm 深度处距离桩径中心 $3D$、$6D$、$9D$ 处测点的超孔隙水压力进行对比分析,如图 4-20a)~g)所示。

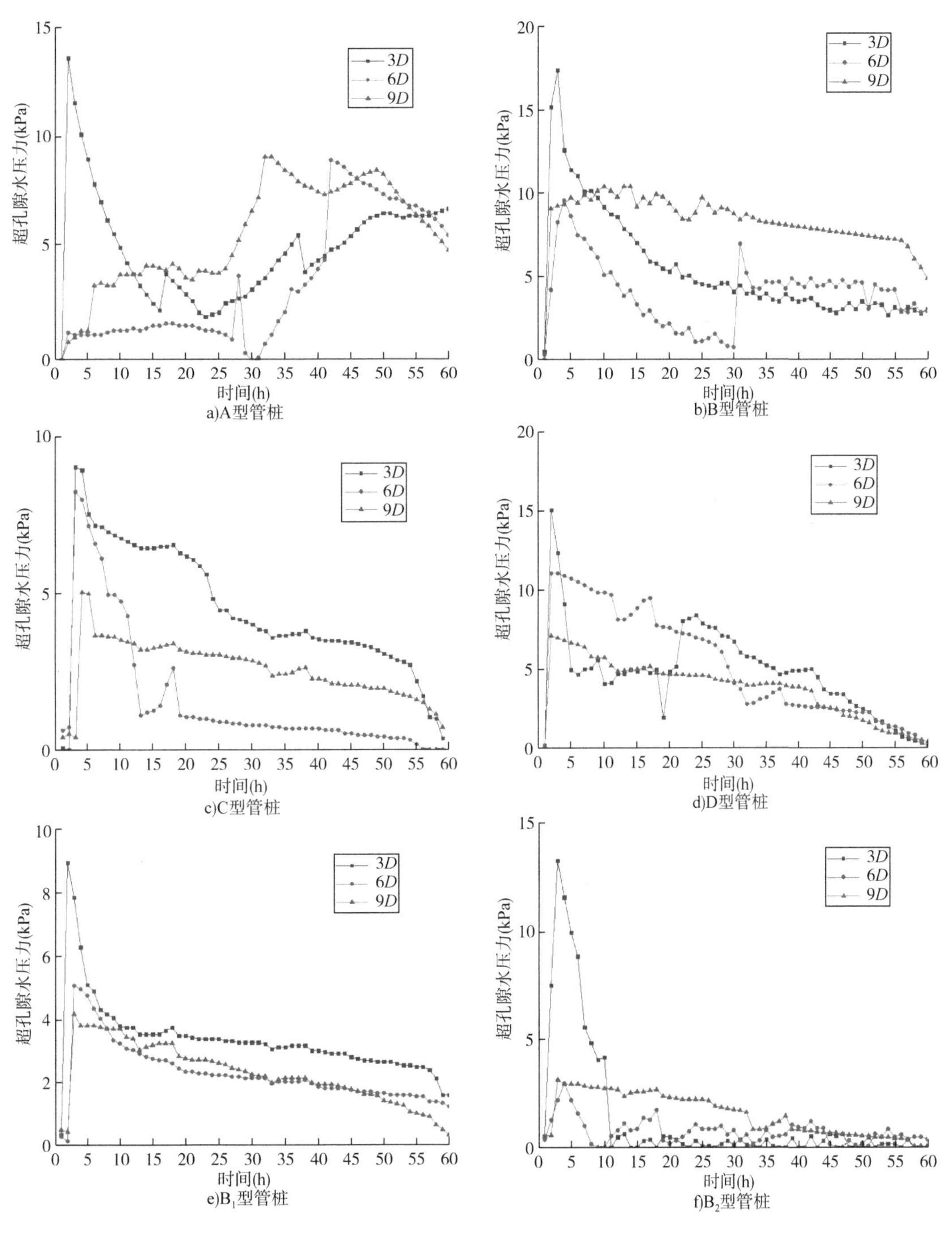

图 4-20

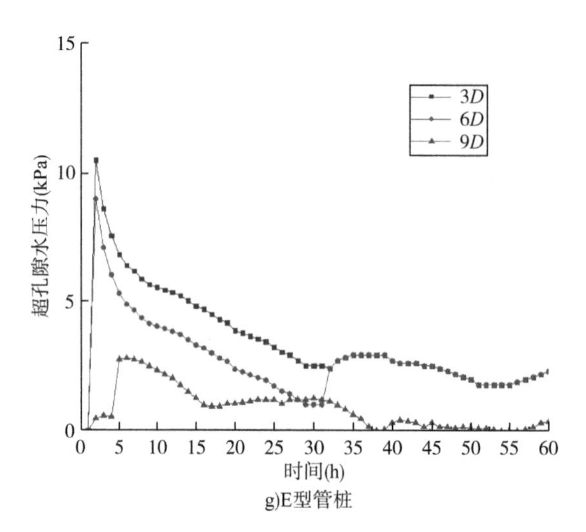

g)E型管桩

图 4-20　各组管桩静压沉桩各测点超孔隙水压力与径向距离的关系

观察图 4-20 可以发现:无孔锥形-柱形组合管桩沉桩试验中,距桩径中心点 6*D*、9*D* 测点处孔隙水压力变化趋势基本一致(先缓慢上升,后急速下降),3*D* 测点处孔隙水压力先急速上升、后缓慢下降,在 35~60h 时间段内不断波动;在不同锥度的锥形-有孔柱形组合管桩静压沉桩试验中,不同径向距离处变化趋势大致相同,孔隙水压力峰值随着径向距离的增大而减小,但均在径向距离 6*D* 处出现急剧上升、之后缓慢下降的情况。锥形-有孔柱形组合管桩静压沉桩超孔隙水压力随着时间缓慢消散的过程中,3*D*、6*D* 径向距离测点处的孔隙水压力逐渐接近 9*D* 径向距离测点处的孔隙水压力。

以上表明,锥形-有孔柱形组合管桩静压沉桩后,在深度保持一致的情况下,超孔隙水压力随着径向距离的增大而减小,消散速度缓慢下降。

4.3.2　超孔隙水压力峰值

管桩静压沉桩过程中产生过高的超孔隙水压力是引发沉桩效应不良影响的重要因素,过高的超孔隙水压力可能导致邻桩上浮或断桩等情况。因此,对锥形-有孔柱形组合管桩静压沉桩过程中各测点处超孔隙水压力峰值进行分析,具体数据如表 4-23 所示,各组沉桩试验 60h 后各测点超孔隙水压力如表 4-24 所示。

各组试验超孔隙水压力峰值(单位:kPa)　　　**表 4-23**

管桩类型	孔隙水压力计							
	U_1	U_2	U_4	U_5	U_6	U_7	U_8	U_9
B	19.58	5.95	17.45	13.77	11.13	10.56	4.35	2.82
C	13.59	2.05	12.50	8.90	5.52	3.85	2.02	4.36
D	15.94	5.53	16.16	11.36	7.47	2.26	1.30	1.38
B_1	3.33	7.68	9.79	7.43	6.13	5.49	0.93	1.93
B_2	4.06	3.37	16.82	3.09	3.45	1.95	0.83	1.23

各组试验沉桩 60h 后超孔隙水压力(单位:kPa)　　表 4-24

管桩类型	孔隙水压力计							
	U_1	U_2	U_4	U_5	U_6	U_7	U_8	U_9
B	0.94	3.26	3.02	2.88	4.85	0.00	1.87	0.15
C	5.31	0.36	0.00	0.72	1.54	0.00	0.00	0.00
D	5.52	0.16	0.00	0.41	0.00	1.04	0.00	0.00
B_1	0.89	1.61	1.26	0.36	0.00	0.88	0.00	0.05
B_2	1.25	0.00	0.37	0.00	0.77	0.73	0.00	0.11

观察表 4-23、表 4-24 可以发现,各测点处超孔隙水压力峰值与沉桩 60h 后孔隙水压力随着径向、竖向位置不同出现差异,基本符合研究所得出的规律。

4.3.3　超孔隙水压力消散率

超孔隙水压力消散率是指超孔隙水压力峰值减去消散阶段某时间点处超孔隙水压力的差同超孔隙水压力峰值的比值,即:

$$\text{消散率} = \frac{|\Delta p|}{p_{\max}} = \frac{|p_{\max} - p_t|}{p_{\max}} \tag{4-5}$$

式中,Δp 表示超孔隙水压力峰值与消散阶段某时间点处超孔隙水压力峰值之差;$p_{\max}$ 表示超孔隙水压力峰值;p_t 表示静压沉桩 t 小时后的超孔隙水压力。

由式(4-5)得出各组试验中各测点第 10h、30h、60h 时的超孔隙水压力消散率,计算各测点处超孔隙水压力消散率的平均值,通过对比分析不同类型有孔管桩各时刻超孔隙水压力消散率(表 4-25),得出各组管桩静压沉桩过程中超孔隙水压力时空消散差异。

各组管桩超孔隙水压力消散率(单位:%)　　表 4-25

管桩类型	时间				
	20h	30h	40h	50h	60h
B	53.45	66.51	64.57	67.97	77.67
C	47.14	60.19	66.50	68.27	78.21
D	39.77	43.62	49.18	59.71	70.85
B_1	50.38	66.37	62.42	63.37	73.25
B_2	49.38	62.74	61.37	62.52	71.21

由表 4-25 可知,各类有孔管桩超孔隙水压力消散率在 20~60h 的总体趋势是不断增加的。星状开孔型和十字对穿开孔型的超孔隙水压力消散效果基本一致,单向对穿开孔型的效果最弱;同为星状对穿开孔型的情况下,不同锥度的锥形-有孔柱形组合管桩的孔隙水压力消散率由大到小排序为:1/70 锥度>1/80 锥度>1/90 锥度。

4.3.4　超孔隙水压力影响因素

通过前述锥形-有孔柱形组合管桩室内模型试验,得到各组管桩静压沉桩试验产生的超孔隙水压力变化趋势，借此分析开孔方式、锥度大小等影响因素对超孔隙水压力变化情况的影响。

1）开孔方式

为研究不同开孔方式的锥形-有孔柱形组合管桩静压沉桩对软黏土地基土体超孔隙水压力的产生和消散的影响，选用三种不同开孔方式的锥形-有孔柱形组合管桩和一根无孔锥形-柱形组合管桩进行静压沉桩试验，四根管桩的桩径均为 109mm，锥度均为 1/70，通过对比不同开孔方式下同一测点（U5）超孔隙水压力的变化曲线（图 4-21），得出不同的开孔方式对超孔隙水压力变化的影响。

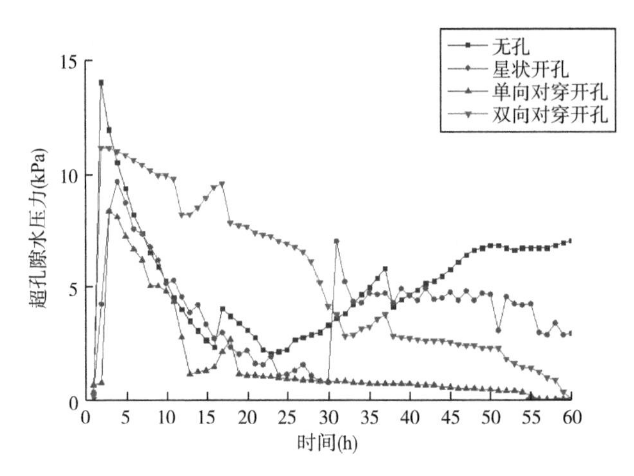

图 4-21　不同开孔方式锥形-有孔柱形组合管桩静压沉桩超孔隙水压力变化情况

由图 4-21 可以发现：四根管桩超孔隙水压力消散曲线峰值由大到小的排序为：双向对穿开孔型>星状开孔型>无孔型>单向对穿开孔型。验证了锥形-有孔柱形组合管桩在其他条件相同的情况下，桩身开孔个数越多，软黏土中孔隙水消散越快、超孔隙水压力峰值越小的理论。在消散初期（5~30h），无孔型、单向对穿开孔型、双向对穿开孔型曲线有多次重合且斜率相近，说明超孔隙水压力消散速度接近，星状开孔型曲线斜率相对其他三根变化更缓，说明消散速度比其他管桩缓慢。在消散中期（30~60h）时，星状开孔型、单向对穿开孔型、双向对穿开孔型消散速度开始放缓，最终至 0，而无孔型震荡反弹，原因可能是无孔锥形-柱形组合管桩静压沉桩后对测点处土体造成挤压密实，随着时间变化，各测点处桩周土体回弹，导致孔隙水压力回升。

2）锥度大小

为探究不同锥度的锥形-有孔柱形组合管桩静压沉桩对软黏土地基土体超孔隙水压力产生与消散的影响差异，选取 1/70、1/80、1/90 三种锥度的锥形-有孔柱形组合管桩进行静压沉桩试验，三种锥度管桩桩径均为 109mm，开孔方式均为星状开孔，通过对比同一测点（U5）超孔隙水压力的变化情况（图 4-22），得出锥度的改变对超孔隙水压力变化情况的影响。

由图 4-22 可以看出：在超孔隙水压力消散初期（10~30h），三类曲线按超孔隙水压力消散速度由大到小的排序是：1/90 锥度>1/70 锥度>1/80 锥度。

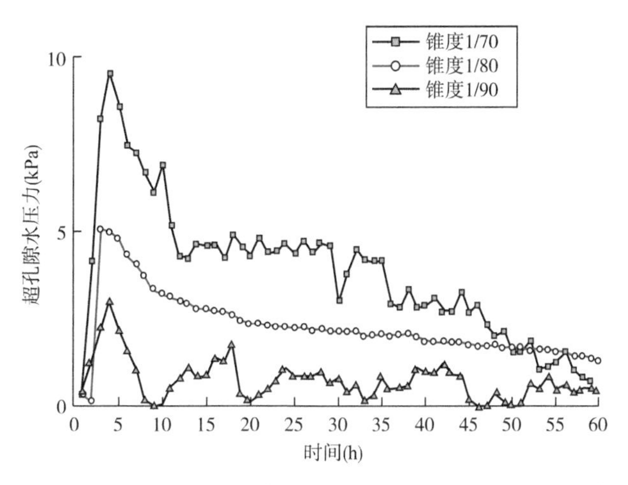

图 4-22　不同锥度的锥形-有孔柱形管桩静压沉桩超孔隙水压力变化情况

4.4　静压沉桩引起的土体位移变化规律分析

4.4.1　桩周土体位移试验结果与分析

静压沉桩过程中，每沉桩 10cm 后拍摄照片，通过 MATLAB 软件将照片导入 Origin，绘制成曲线图，如图 4-23 所示。

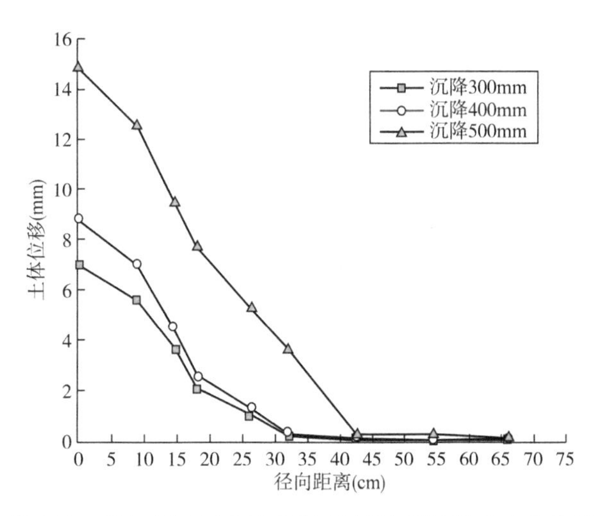

图 4-23　静压不同深度造成的不同径向距离处的土体位移

由图 4-23 可以发现，随着测点离桩芯径向距离的增大，位移逐渐减小；沿着深度方向，土体竖向位移随着沉桩深度的增加而增大。桩身土体径向位移的影响范围约为 $6D \sim 9D$。

4.4.2　地表隆起变化试验结果与分析

地表隆起量与静压沉桩深度之间的关系曲线如图 4-24 所示。

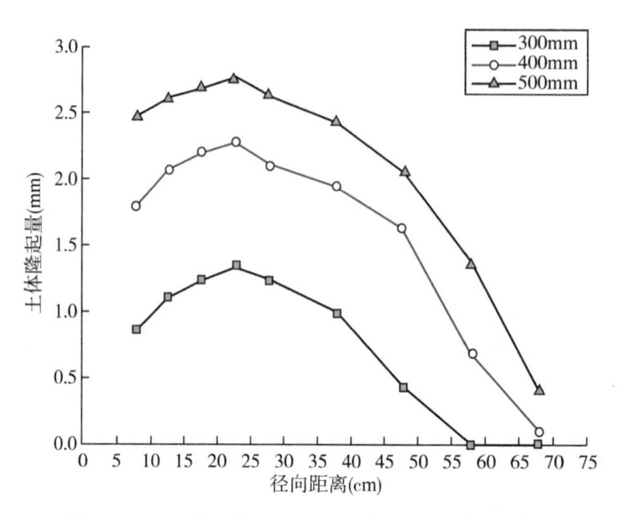

图 4-24　地表隆起量与静压沉桩深度之间的关系

从图 4-24 可以得出：在桩静压入土过程中，桩周土体竖向下移，在桩边 $0.5D$ 处开始隆起；随着沉桩深度不断增加，隆起量也不断增大；在沉桩深度保持不变时，随着径向距离增大，隆起量不断减小，直至为 0，影响范围在 $6D$ 左右，最大隆起量约为 $2.3D$。

4.5　本 章 小 结

采用室内模型试验方法，对沉桩前后桩周土体物理力学性质变化加以研究，对锥形-有孔柱形组合管桩单桩静压沉桩 60h 内的桩周土体超孔隙水压力变化情况进行监测，研究锥形-有孔柱形管桩静压沉桩过程中超孔隙水压力产生和消散随时间、距离、锥度等影响因素变化的规律，并从超孔隙水压力峰值、超孔隙水压力消散率两方面对各组锥形-有孔柱形组合管桩进行分析，得出以下结论：

①介绍了室内模型试验方案及试验要点，锥形-有孔柱形管桩静压沉桩试验前后对预设测点土样进行相应室内土工试验，测得其物理力学参数；沉桩全过程中，监测各测点处超孔隙水压力数值；沉桩过程中，全程观测土体位移。

②通过沉桩前后各测点含水率的变化可以发现：无孔锥形-柱形组合管桩沉桩后土体含水率的变化较小；锥形-有孔柱形组合管桩设有排水孔，具有较好的排水效果，桩周土体含水率在静压沉桩后明显减小，土体含水率降幅随着径向距离和竖向深度的增加而减小。

③锥形-有孔柱形组合管桩沉桩挤土效应对软黏土地基中土体压缩指标变化有重要影响，并且深层土体还受上部覆盖土体自重应力作用，所以压缩指标变化明显。锥形-有孔柱形组合管桩静压沉桩后模型箱内土样压缩模量增大而压缩系数减小，说明锥形-有孔柱形组合管桩桩身开孔可以加速桩周土体排水固结，能有效减少静压沉桩后桩周土体沉降变形。

④根据试验数据可以发现，各组锥形-有孔柱形组合管桩在静压沉桩过程中，桩周土体内摩擦角和黏聚力增大，根据土体抗剪强度公式 $\tau=\sigma\tan\varphi+c$，土体抗剪强度必然提升，锥形-

有孔柱形组合管桩静压沉桩能有效增大软黏土地基土体抗剪强度，达到增强复合地基承载力的目的。

⑤根据试验数据可以发现，双向对穿开孔型锥形-有孔柱形组合管桩静压沉桩60h后土体各项物理力学指标变化幅度最大，星状开孔型次之，单向对穿开孔型最小。但双向对穿开孔型和星状开孔型锥形-有孔柱形组合管桩对土的物理力学性质的影响差别不大。说明锥形-有孔柱形组合管桩并非桩身开孔越多越好，需要在保证管桩自身承载力的前提下选择合适的锥形-有孔柱形组合管桩开孔方式。在其他条件均相同的前提下，锥度1/70的锥形-有孔柱形组合管桩物理力学指标变化幅度相较于1/80、1/90锥度的锥形-有孔柱形组合管桩稍有增大。其原因是锥度越大，锥形端桩径越大，对桩周土体挤压密实作用越强。

⑥在锥形-有孔柱形组合管桩静压沉桩过程中，由于模型箱内软黏土所含孔隙水会由管桩设有的排水孔进入管桩内腔，而试验过程中未能及时抽出管桩内腔的孔隙水，因此，锥形-有孔柱形组合管桩超孔隙水压力会先降低后升高；无孔锥形-柱形组合管桩由于没有排水孔，其超孔隙水压力消散速度远低于锥形-有孔柱形组合管桩。

⑦各组锥形-有孔柱形组合管桩静压沉桩后，软黏土地基土体不同深度处超孔隙水压力消散情况良好，土体超孔隙水压力峰值随竖向深度增加而增大，但超孔隙水压力消散的效果及速度没有明显的变化。当竖向深度保持不变时，超孔隙水压力随着径向距离的增大而减小，消散速度也缓慢减小。

⑧锥形-有孔柱形组合管桩静压沉桩过程中，在相同锥度情况下，超孔隙水压力消散率按由大到小排序为：双向对穿开孔型、星状开孔型、单向对穿开孔型。在均为星状开孔型的情况下，1/70锥度超孔隙水压力消散率最大，1/80锥度次之，1/90锥度最差。

⑨各类锥形-有孔柱形组合管桩超孔隙水压力消散率的增幅在消散前、中期（10~60h）不断增大，各类锥形-有孔柱形组合管桩超孔隙水压力平均消散率均达到70%以上，因此锥形-有孔柱形组合管桩静压沉桩能有效提高超孔隙水压力消散率，显著缩短由管桩沉桩引起的超孔隙水压力消散时间，可以有效减小实际工程中静压沉桩产生的超孔隙水压力对周边环境的破坏。

第 5 章

锥形-有孔柱形组合管桩静压沉桩数值模拟

锥形-有孔柱形组合管桩静压沉桩挤土效应问题非常繁杂,且影响因素很多,仅运用理论推导的方法很难得到锥形-有孔柱形组合管桩静压沉桩挤土效应变化规律。这主要是因为静压沉桩过程中涉及的问题复杂多变,有几何非线性、接触非线性问题、大变形问题、桩-土接触面问题等岩土力学领域众多的前沿性研究课题,目前还难以在锥形-有孔柱形组合管桩静压挤土效应理论分析中得到体现。随着计算机技术不断更新,数值模拟作为一种较为新型的研究手段,在岩土工程中发挥着强大的作用,数值模拟方法可以考虑很多因素的影响,能详细地分析沉桩过程中任意时刻的超孔隙水压力变化过程及其分布规律。因此,借助数值模拟方法探索组合管桩静压沉桩效应变化规律,以弥补理论分析和模型试验的不足。

ABAQUS 软件具有很强的功能,可以模拟分析岩土工程领域的渗透、变形、位移等土力学问题。因此,本章运用 ABAQUS 软件,对锥形-有孔柱形组合管桩静压沉桩贯入过程进行动态模拟分析。通过计算获得锥形-有孔柱形组合管桩超孔隙水压力与各因素之间关系的数值模拟曲线,对得到的数据进行整理、分析,得出锥形-有孔柱形组合管桩静压沉桩时超孔隙水压力的消散规律。

同时,为研究锥形-有孔柱形组合管桩静压沉桩过程中的土体位移规律,采用室内模型试验方法,在布置试验模型箱过程中,每填筑 100mm 软黏土后,在上面铺设一层灰白色石灰粉用来分层观察,用摄像机拍摄每静压沉桩 100mm 的石灰层位移图像,并将图像导入 MATLAB,得到桩周一定深度处的土体位移数据。分析锥形-有孔柱形组合管桩静压沉桩过程中土体位移变化规律。

5.1 组合管桩超孔隙水压力时空消散变化规律数值模拟

5.1.1 ABAQUS 软件概述

ABAQUS 软件有多种用于实体的单元库,可模拟非常复杂的几何形状,并且可以模拟多种常见的工程材料。针对各种材质、复杂受力情况以及接触等岩土工程研究重难点问题,ABAQUS 软件可以灵活处理,特别是:

①岩土工程中,由于地域不同,土体的物理力学性质大相径庭,导致不同土体的工程特性截然不同,所以要求有限元模拟软件有多种土体本构模型,可以真实反映土体性状。

②在岩土工程中,通常会遇到土体和桩身的相互作用问题,比如本章要研究锥形-有孔柱形组合管桩静压沉桩贯入土体过程中桩、土的相互作用问题。ABAQUS 具有强大的处理

接触面问题的功能模块,可以较好地模拟桩体与土体发生接触过程中出现的土体挤压、密实、滑移等特殊现象。

③在岩土工程问题研究中,需考虑土体重力场、软黏土中的孔隙水压力等的影响。ABAQUS 提供了专门的分析步。

5.1.2　基本假定

为了准确地模拟锥形-有孔柱形组合管桩沉桩贯入过程,做以下假定[52]:

①在管桩沉桩贯入过程中,不考虑桩周土体固结。

②桩周土体为理想弹塑性体,符合 Mohr-Coulomb 屈服准则。

③桩体为钢筋混凝土桩,采用离散刚体模拟。

④桩与土界面采用面-面的摩擦接触单元;接触面的摩擦类型为库仑摩擦。

⑤桩-土一旦发生相互接触就不再分离,只能处于相互接触并且相互滑动的状态。

⑥土体饱和,在沉桩过程中可忽略超孔隙水压力的消散过程。

5.1.3　有限元计算模型

1)计算区域

锥形-有孔柱形组合管桩沉桩贯入问题是一个三维问题。采用 ABAQUS 数值模拟软件建立锥形-有孔柱形组合管桩模型,并完成锥形-有孔柱形组合管桩下部柱形管桩开孔,创建一个合适的土体模型。由于星状开孔型锥形-有孔柱形组合管桩在众多开孔方式中承载能力最好[53],故锥形-有孔柱形组合管桩下部柱形管桩的开孔方式选择为星状开孔方式,如图 5-1 所示。

土体模型计算范围为 16m×16m×16m。锥形-有孔组合管桩下部有孔柱形管桩直径为 0.4m,上部锥形管桩直径为 0.6m,桩壁厚度为 3mm,开孔半径为 4mm,下部开孔间距为 1.0m。锥形-有孔柱形组合管桩总长为 8m,上部分锥形管桩长 3m,下部分有孔柱形管桩长 5m。模拟锥形-有孔柱形组合管桩沉桩贯入土体内部的过程,如图 5-2 所示。

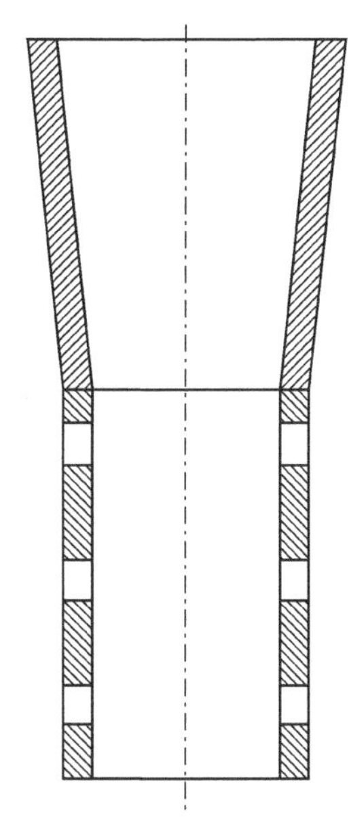

图 5-1　锥形-有孔柱形组合管桩结构示意图

2)荷载及边界条件

将锥形-有孔柱形组合管桩和土体这两个部件进行装配,桩与土体间的接触面采用面-面接触单元。由于桩体的贯入过程是非线性的大变形过程,故采用动态显性分析。接着分别设置土体和桩的边界条件,通过在桩的顶部施加位移荷载来模拟沉桩过程。最后划分网格,设置沙漏效应。

实际沉桩过程中,为了方便计算,忽略桩尖进入土体时对土体造成的扰动变形。当锥形-有孔柱形组合管桩进入土体时,通过施加在桩顶的位移荷载和孔壁处的摩擦力,来模拟锥形-有孔柱形组合管桩沉桩贯入土体时超孔隙水压力的变化过程。有限元模型底面以及四个侧面均设置成固定约束,顶面设置成自由面。选用渗流模式对锥形-有孔柱形组合管桩的超孔隙水压力进行模拟分析,设置为各向同性渗流模型。土体顶面由于无固定约束面,可自由排水,超孔隙水压力还可从桩土界面及桩身设置的小孔排出。

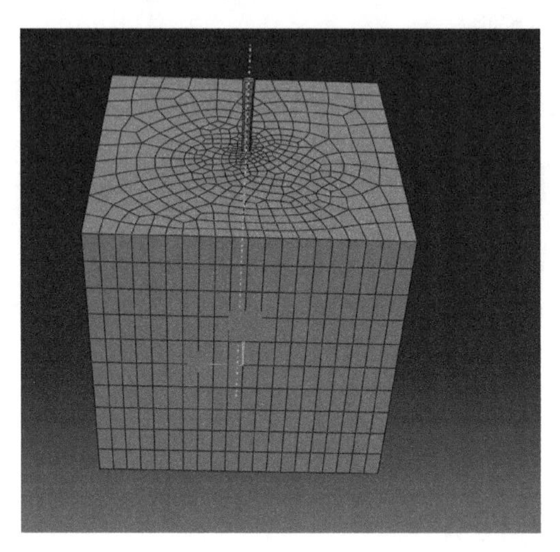

图 5-2　有限元模型简图

5.1.4　计算参数的设定

为了更好地模拟锥形-有孔柱形组合管桩的实际沉桩过程,选用合理的参数至关重要。将混凝土管桩设置成刚体,土体参数如表 5-1 所示,混凝土管桩参数如表 5-2 所示。

土体参数　　表 5-1

土体类型	弹性模量	重度	泊松比	内摩擦角	黏聚力	渗透系数	初始孔隙比	桩-土界面摩擦系数
软黏土	3.06MPa	18.1kN/m^3	0.5	16.1°	10kPa	$5.8\times10^{-4}\text{m/d}$	1.5	0.1

混凝土管桩参数　　表 5-2

类别	变形模量	重度	泊松比	桩-土界面摩擦系数
锥形-有孔柱形组合管桩	19GPa	21kN/m	0.2	0.1

5.2　组合管桩超孔隙水压力时空消散数值模拟分析

为了清晰地了解各种影响因素对锥形-有孔柱形组合管桩沉桩所产生的超孔隙水压力时空消散的影响,研究沉桩贯入过程中超孔隙水压力时空消散变化规律,将径向距离、开孔孔径、深度以及沉桩速度作为单一变量,分析超孔隙水压力产生及消散的变化规律,绘制变化曲线,得到锥形-有孔柱形组合管桩在静压沉桩过程中超孔隙水压力时空消散与各影响因素的关系。

5.2.1　超孔隙水压力时空消散与径向距离之间的关系

1) 计算参数的选择

选用的相关参数如表 5-3 所示。

不同沉桩深度时土体计算参数　　表 5-3

深度 z(m)	弹性模量	泊松比	重度	黏聚力	内摩擦角	渗透系数	初始孔隙比
1	3.06MPa	0.5	18.1kN/m^3	10kPa	16.1°	5.8×10^{-4}m/d	1.5
5							
10							

2) 组合管桩超孔隙水压力时空消散随径向距离的变化规律

锥形-有孔柱形组合管桩沉桩过程中超孔隙水压力时空消散随径向距离的变化曲线如图 5-3～图 5-5 所示。

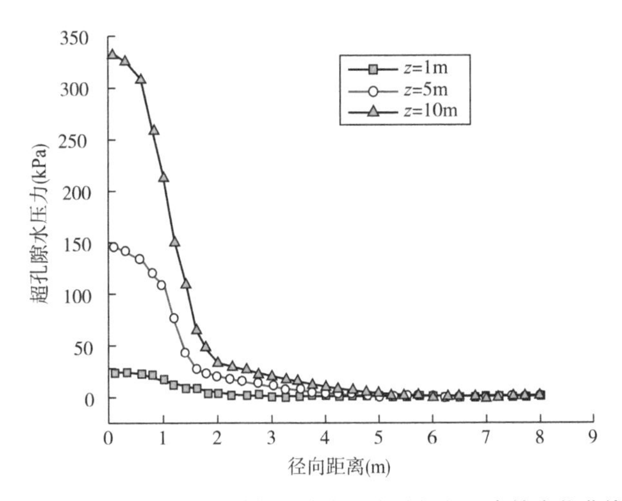

图 5-3　下沉深度不同时超孔隙水压力随径向距离的变化曲线

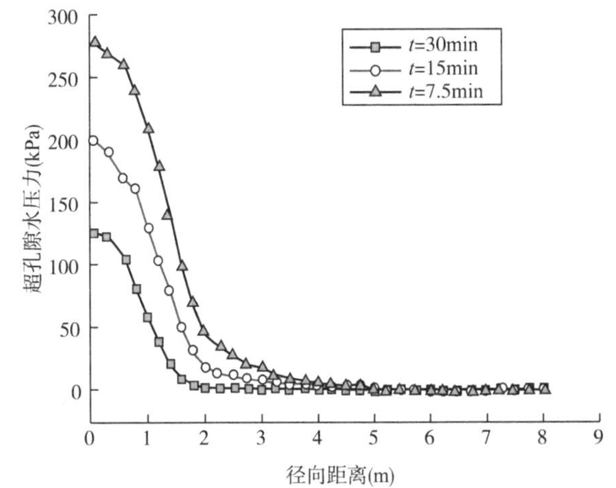

图 5-4　沉桩速度不同时超孔隙水压力随径向距离的变化曲线

注：图中 t 为沉桩完毕所用时间。

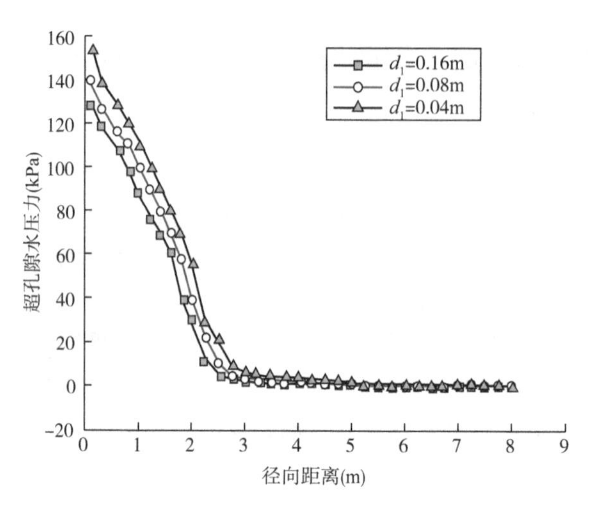

图 5-5　不同开孔孔径时超孔隙水压力随径向距离的变化曲线

根据图 5-3～图 5-5 可以看出:锥形-有孔柱形组合管桩超孔隙水压力的影响范围主要集中在距桩心径向距离 3*D* 以内的区域,离桩心轴线距离越近,超孔隙水越大;在沉桩深度、沉桩速度和开孔孔径等因素的影响下,锥形-有孔柱形组合管桩超孔隙水压力的变化趋势基本相同,都随径向距离增大而逐渐减小。

5.2.2　超孔隙水压力时空消散与沉桩深度之间的关系

为了得到锥形-有孔柱形组合管桩超孔隙水压力与下沉深度之间关系的模拟值,在其他条件都相同时,设置三组不同沉桩深度,得到锥形-有孔柱形组合管桩超隙水压力与沉桩深度关系的数值模拟曲线,如图 5-6 所示。

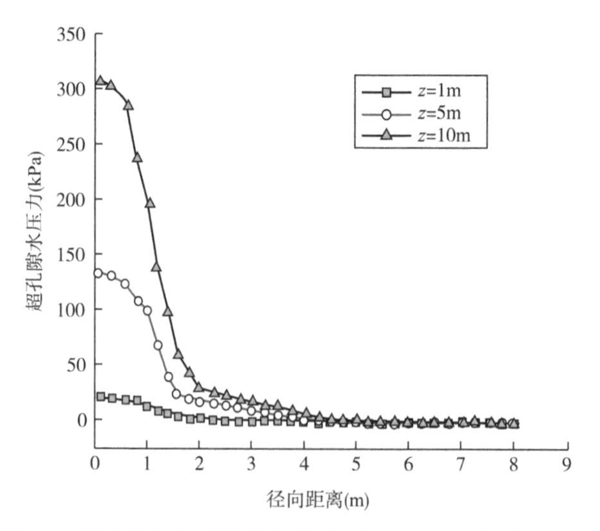

图 5-6　组合管桩超孔隙水压力随沉桩下沉深度的变化曲线

根据图 5-6 可以得到:在一定范围内,径向距离保持一致时,锥形-有孔柱形组合管桩超孔隙水压力随着桩下沉深度加深而增大;下沉深度相同时,锥形-有孔柱形组合管桩超孔隙水压力随着径向距离的增加逐渐减小。

5.2.3 超孔隙水压力时空消散与沉桩速度之间的关系

为了更好地模拟分析沉桩速度对锥形-有孔柱形组合管桩超孔隙水压力时空消散变化规律的影响,选择以下两种情况:

①沉桩深度相同时,沉桩速度对锥形-有孔柱形组合管桩超孔隙水压力的影响,如图 5-7 所示。根据图 5-7 可以得到:沉桩速度相同时,锥形-有孔柱形组合管桩超孔隙水压力随着径向距离增加而逐渐减小;径向距离相同时,锥形-有孔柱形组合管桩超孔隙水压力随沉桩速度加快而逐渐增大。

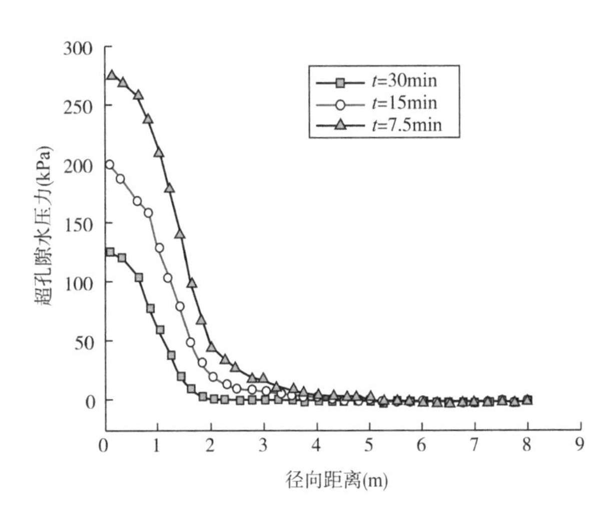

图 5-7 下沉深度相同、沉桩速度不同时组合管桩超孔隙水压力变化曲线

注:图中 t 为沉桩完毕时所用时间。

②径向距离相同时,沉桩速度对锥形-有孔柱形组合管桩超孔隙水压力的影响,如图 5-8 所示。根据图 5-8 可知,在一定范围内,沉桩速度不同时,超孔隙水压力随深度加深而逐渐增大;沉桩速度越慢,同一深度处,超孔隙水压力随着沉桩速度的减小而增大,这反映了合适的沉桩速度能加快锥形-有孔柱形组合管桩超孔隙水压力的消散。

5.2.4 超孔隙水压力与开孔孔径之间的关系

为了模拟得到锥形-有孔柱形组合管桩超孔隙水压力与开孔孔径之间的关系曲线,假定其他条件都相同,设置三组不同开孔孔径,得到锥形-有孔柱形组合管桩超孔隙水压力与开孔孔径之间关系的数值模拟曲线,如图 5-9 所示。

根据图 5-9 可以得到:在一定范围内,开孔孔径相同时,锥形-有孔柱形组合管桩超孔隙水压力随径向距离的增大逐渐减小;在一定范围内,径向距离相同时,开孔孔径越大,锥形-有孔柱形组合管桩超孔隙水压力缓慢减小,说明在一定范围内,锥形-有孔柱形组合管桩开孔有利于超孔隙水压力的消散。

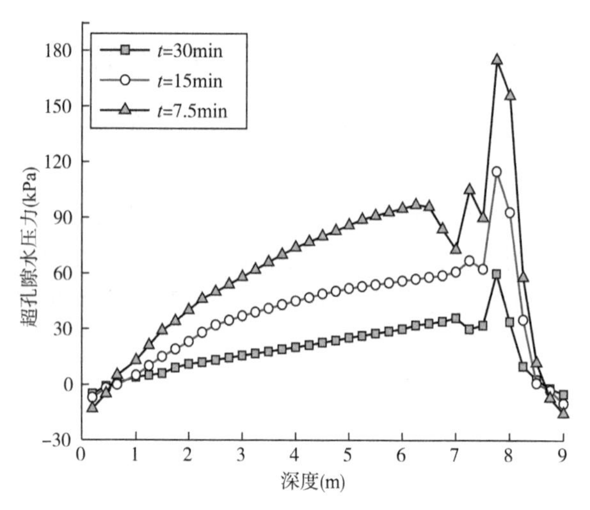

图 5-8 径向距离相同、沉桩速度不同时组合管桩超孔隙水压力变化曲线

注:图中 t 为沉桩完毕时所用时间。

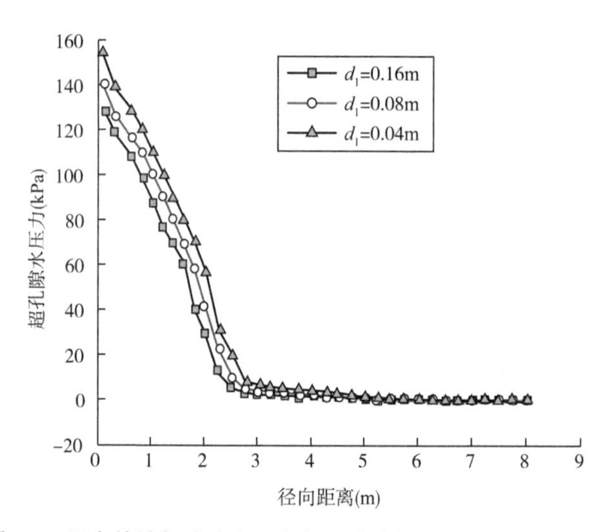

图 5-9 组合管桩超孔隙水压力与开孔孔径之间关系的变化曲线

5.2.5 理论推导与数值模拟结果对比分析

将数值模拟结果与理论计算所得的变化曲线关系进行对比,分析锥形-有孔柱形组合管桩静压沉桩超孔隙水压力时空消散的变化规律。

1) 超孔隙水压力时空消散与径向距离之间关系的对比

将锥形-有孔柱形组合管桩超孔隙水压力的理论计算与数值模拟所得到的结果进行对比,获得锥形-有孔柱形组合管桩超孔隙水压力时空消散与径向距离之间的关系,如图 5-10 所示。

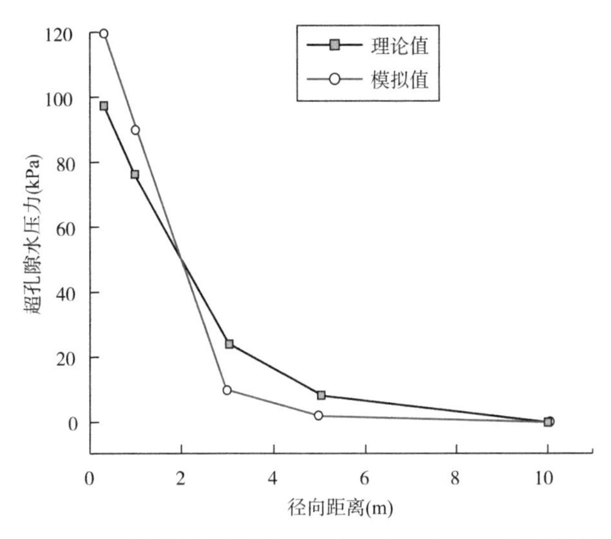

图 5-10　组合管桩超孔隙水压力与径向距离之间关系的对比

由图 5-10 可以看出：锥形-有孔柱形组合管桩超孔隙水压力的理论值和模拟值都随着径向距离增大而逐渐减小，曲线变化趋势基本相同。锥形-有孔柱形组合管桩超孔隙水压力随着径向距离增加而逐渐变小，离桩心越近，锥形-有孔柱形组合管桩超孔隙水压力减小越快，反之越慢。

2）超孔隙水压力时空消散与开孔孔径之间关系的对比

将锥形-有孔柱形组合管桩超孔隙水压力的理论计算与数值模拟所得的结果进行对比，获得锥形-有孔柱形组合管桩超孔隙水压力时空消散与开孔孔径之间的关系，如图 5-11 所示。

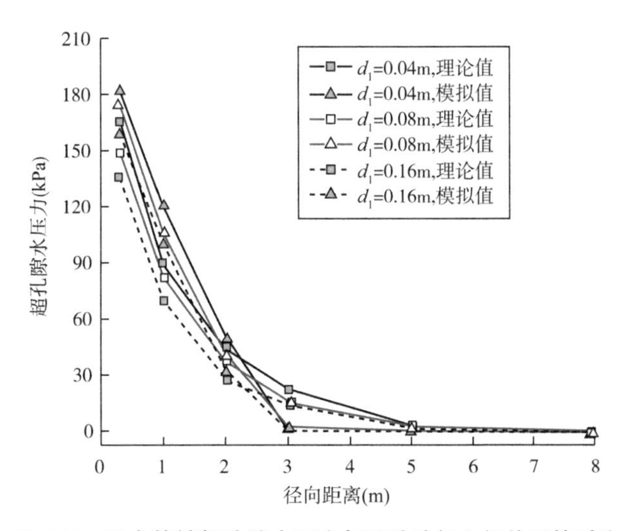

图 5-11　组合管桩超孔隙水压力与开孔孔径之间关系的对比

由图 5-11 可以看出：理论计算与数值模拟所得锥形-有孔柱形组合管桩超孔隙水压力时

空消散与开孔孔径之间的关系曲线规律基本一致；开孔孔径不同时，锥形-有孔柱形组合管桩静压沉桩超孔隙水压力最大模拟值均比最大理论值大；相同开孔孔径时，锥形-有孔柱形组合管桩静压沉桩超孔隙水压力最大理论值和最大模拟值均随径向距离增大而减小；在一定范围内，径向距离相同时，锥形-有孔柱形组合管桩超孔隙水压力最大值均随着开孔孔径增大而缓慢减小。说明在一定范围内，桩身开孔有利于锥形-有孔柱形组合管桩超孔隙水压力的消散。

3）超孔隙水压力时空消散与沉桩深度之间关系的对比

根据锥形-有孔柱形组合管桩在静压沉桩贯入过程中超孔隙水压力时空消散随沉桩深度变化的理论值与模拟值，得到两者之间的关系曲线，如图 5-12 所示。

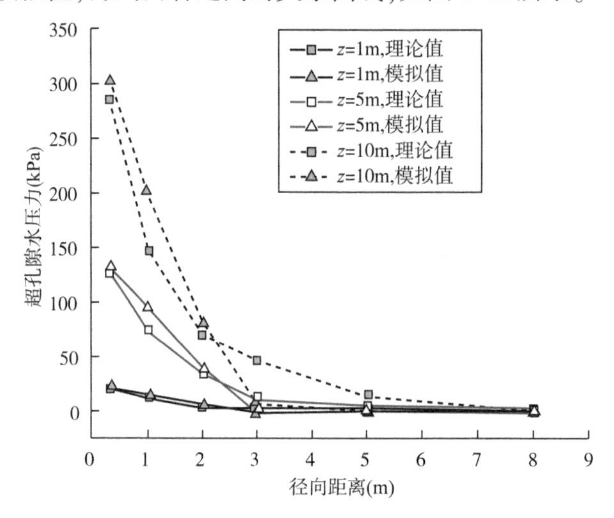

图 5-12 组合管桩超孔隙水压力与沉桩深度关系之间的对比

根据图 5-12 可以看出：沉桩深度不同时，理论计算与数值模拟所得锥形-有孔柱形组合管桩静压沉桩超孔隙水压力与沉桩深度之间的关系曲线规律基本一致；径向距离相同时，锥形-有孔柱形组合管桩静压沉桩超孔隙水压力随沉桩深度加深而增大；沉桩深度相同时，锥形-有孔柱形组合管桩静压沉桩超孔隙水压力值随径向距离增加而减小。由于在推导过程中做出了简化和假定，因而锥形-有孔柱形组合管桩静压沉桩超孔隙水压力最大模拟值比最大理论值大。锥形-有孔柱形组合管桩对超孔隙水压力的主要影响范围为 5 倍桩径以内，在此范围内，锥形-有孔柱形组合管桩超孔隙水压力随沉桩深度增大而逐渐增大。

4）超孔隙水压力时空消散与沉桩速度之间关系的对比

为分析锥形-有孔柱形组合管桩超孔隙水压力理论值和模拟值与沉桩速度之间的关系，选择了三种不同沉桩速度进行对比，如图 5-13 所示。

根据图 5-13 可以看出：不同沉桩速度时，理论计算与数值模拟所得锥形-有孔柱形组合管桩超孔隙水压力与沉桩速度之间的关系曲线规律基本一致；径向距离相同时，锥形-有孔柱形组合管桩超孔隙水压力随着沉桩速度增大而增大；相同沉桩速度时，锥形-有孔柱形组合管桩超孔隙水压力随着径向距离增加而减小；锥形-有孔柱形组合管桩对超孔隙水压力的主要影响范围为 5 倍桩径内,超出此范围,超孔隙水压力保持不变。锥形-有孔柱形组合管桩超孔隙水压力的最大理论值比最大模拟值小。

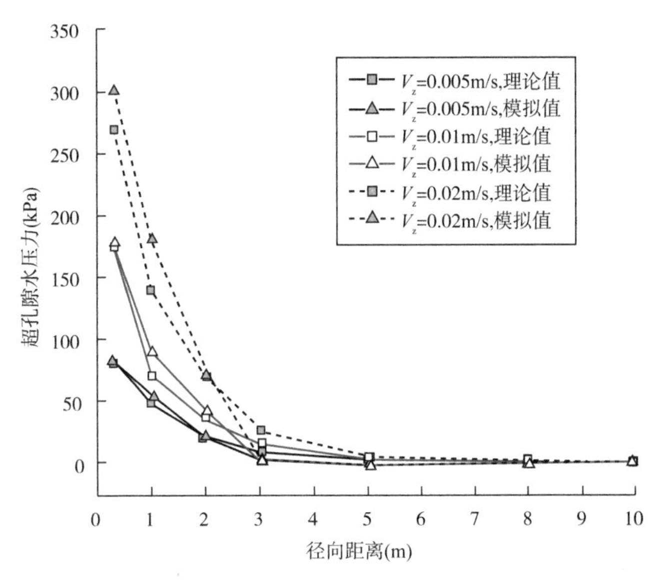

图 5-13　组合管桩超孔隙水压力与沉桩速度 V_z 之间关系的对比

5.3　静压沉桩土体位移数值模拟

使用 ABAQUS 软件,采用数值模拟方法研究锥形-有孔柱形组合管桩静压沉桩过程中桩周土体的位移变化规律。

5.3.1　基本假定

数值模拟中,基本假定有:

①本数值模拟重点在于动力分析计算,关键点在于桩-土相互作用,直接在桩体上施加位移,等效为静压沉桩荷载。

②假设土的力学性质不会随着速度、应力和应变的变化而变化。

③采用弹塑性本构模型模拟土体,假定桩基为弹性。

④为了保证桩身能够完整贯入土体模型中,将管桩封底,并在桩体底部制作了一个 20°的锥形桩尖。

5.3.2　选定模型的主要参数

1)桩体材料参数

由于锥形-有孔柱形组合管桩模型用不锈钢制作,而 ABAQUS 中有很多弹性材料模型,为简化计算,选择最相近的材料模型,参数取值见表 5-4。

桩体材料参数　　表 5-4

描述	数值	单位
材料密度	7.9×10^3	kg/m^3
弹性模量	2.06×10^4	MPa
泊松比	0.3	—

2) 土体材料参数

在不考虑材料流动特性的情况下,采用各向同性的弹性本构模型,可以用 5 个参数来定义,分别是重度、弹性模量、泊松比、黏聚力、内摩擦角。模型参数由模型试验测得,取值如表 5-5所示。

土体材料参数　　表 5-5

土层名称	重度	弹性模量	泊松比	黏聚力	内摩擦角
软黏土	$17.2kN/m^3$	6.75MPa	0.30	40kPa	20°

3) 模型建立以及网格划分

由于静压沉桩贯入土体过程中管桩受力基本上是对称的,因此采用轴对称模型。土体和模型箱尺寸一致,桩体外径为 115mm,内径为 109mm,桩长为 1000mm,桩体底部改为 20°锥形桩尖。使用 ABAQUS 软件提供的轴对称四边形单元模拟土体单元,对模型进行网格划分,如图 5-14 所示。

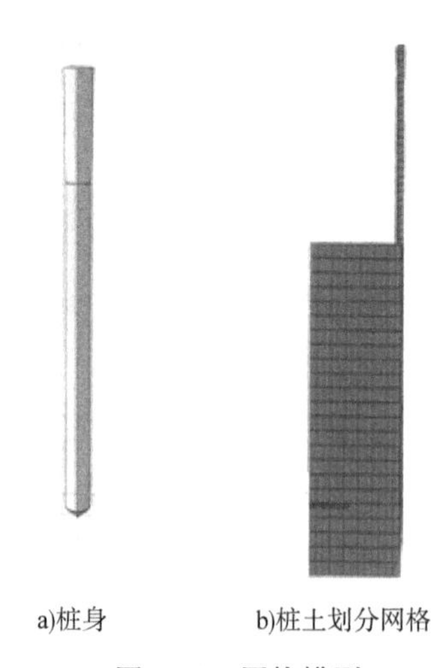

a)桩身　　b)桩土划分网格

图 5-14　网格模型

锥形-有孔柱形组合管桩贯入土体的过程中会产生变形、位移、接触,如何使桩-土相互作用的结果收敛成为模拟的关键。在数值模拟过程中,在桩体单元尺寸是土体单元尺寸 2 倍的情况下,可以有效地减少单元尺寸计算错误,计算结果也容易收敛。

试验使用的桩型是不封闭的。在静压沉桩时,锥形-有孔柱形组合管桩压入土体时,管桩内腔有土体进入,会产生土塞效应。而模型桩中,对桩尖进行锥形处理,在一定程度上契合土塞对桩土产生的楔形效应,并且锥形桩尖也符合实际工程情况。

5.3.3　静压沉桩贯入土体全过程分析

用 ABAQUS 模拟静压整个锥形-有孔柱形组合管桩贯入土体的过程,通过计算分析,得到可靠的计算结果。

1) 土体竖向位移分析

图 5-15a) ~ d) 分别为桩身贯入土体 0.25m、0.5m、0.75m、1m 时的土体径向位移云图,观察得出:当静压沉桩深度不断增大时,桩周土体径向位移影响范围也会越来越大;当 1m 长的桩体完全贯入土体后,观察云图可以发现最大影响范围达到了 9*D*。土体竖向位移变化曲线见图 5-16,可以发现竖向位移随着沉桩深度的增加而增大。

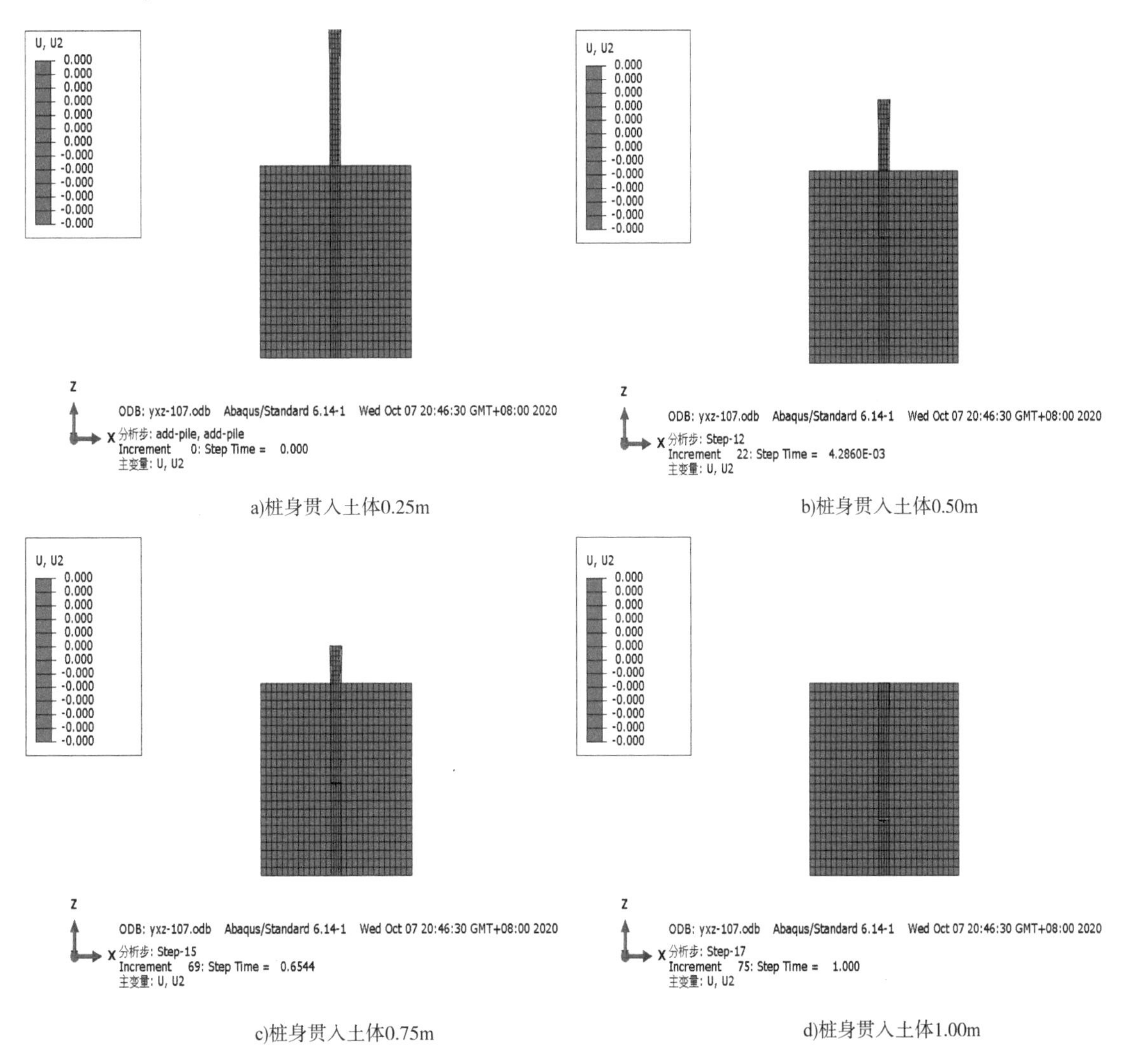

a)桩身贯入土体0.25m　b)桩身贯入土体0.50m

c)桩身贯入土体0.75m　d)桩身贯入土体1.00m

图 5-15　土体竖向位移云图(有限元软件截图)

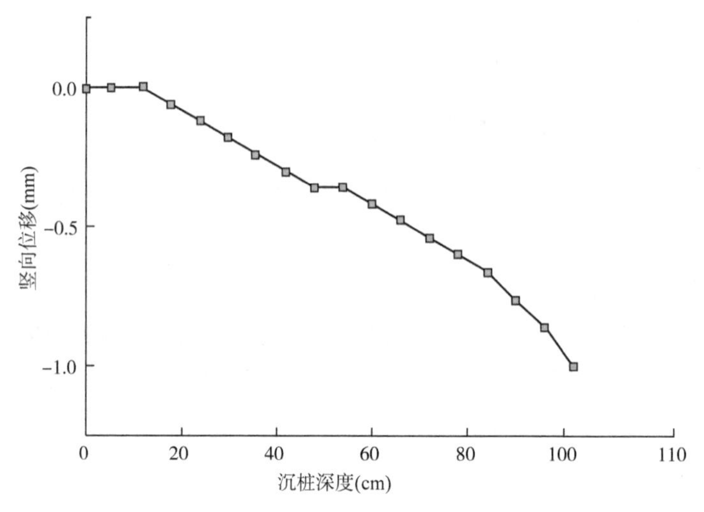

图 5-16　土体竖向位移变化曲线

2) 土体径向位移

分别取桩体贯入土体至 1m 深度时,距离桩心 $3D$、$6D$、$9D$ 处土体进行径向位移分析,如图 5-17所示。离桩心越近,土体表面位移越大,即土体表面隆起越明显。在 $3D$ 范围内土体竖向位移变化最大,当沉桩深度超过 0.5m 后,土体竖向位移变化幅度极小。$9D$ 处土体竖向位移接近于 0,说明径向影响范围约为 $9D$。

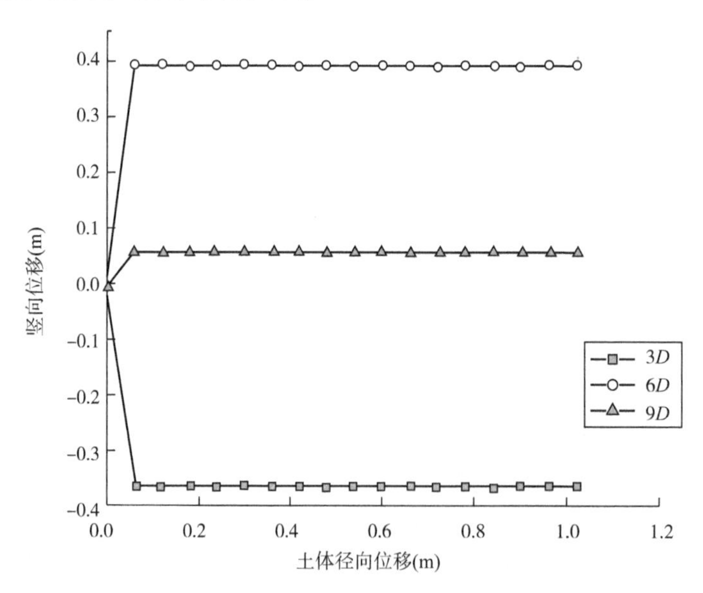

图 5-17　土体径向位移沿深度方向变化曲线

5.3.4　模型试验和数值模拟的结果对比分析

将锥形-有孔柱形组合管桩模型试验和数值模拟得到的土体位移数据进行对比,获得锥形-有孔柱形组合管桩静压沉桩时土体位移与径向距离之间的关系曲线,如图 5-18 所示。

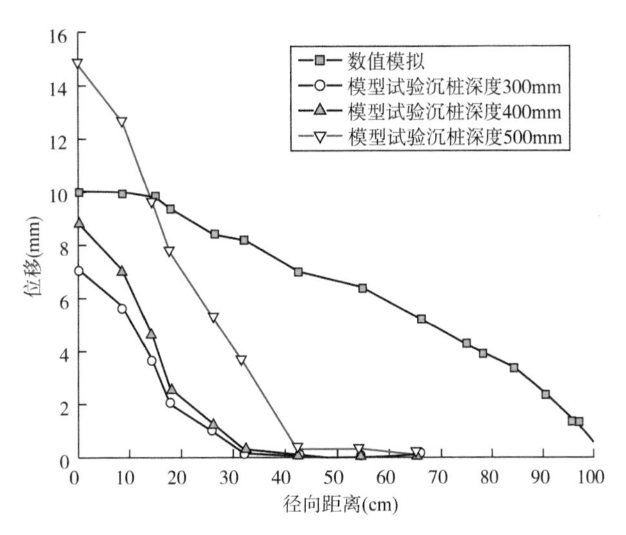

图 5-18　土体位移与径向距离之间的关系曲线

模型试验与数值模拟所得锥形-有孔柱形组合管桩静压沉桩时的土体位移变化趋势大致相似，但模型试验中土体位移衰减至 0 的速度比数值模拟快，曲线斜率比数值模拟大，可能是因为试验过程中无法完全做到匀速沉桩，且模型箱内软黏土的物理力学性质会受外界因素影响，无法像数值模拟一样保持条件不变，导致数值模拟和模型试验所得结果存在一定出入。

5.4　本 章 小 结

本章运用 ABAQUS 软件模拟了锥形-有孔柱形组合管桩沉桩过程中各参数对超孔隙水压力的影响，得到锥形-有孔柱形组合管桩超孔隙水压力与径向距离、深度、沉桩速度之间的关系，并将锥形-有孔柱形组合管桩超孔隙水压力理论计算结果与数值模拟结果进行对比分析，结果显示两者的变化趋势基本一致，比较、分析了静压沉桩时的土体位移情况。

①在一定范围内，下沉深度相同时，锥形-有孔柱形组合管桩沉桩过程中超孔隙水压力随径向距离增加而减小，随沉桩速度加快而增大；下沉深度一致时，锥形-有孔柱形组合管桩超孔隙水压力随沉桩速度加快而逐渐增大。

②沉桩速度相同时，锥形-有孔柱形组合管桩超孔隙水压力在一定范围内随径向距离增大而减小；沉桩速度不同时，锥形-有孔柱形组合管桩超孔隙水压力随径向距离增大而减小，随下沉深度增加而增大。

③在一定范围内，开孔孔径相同时，锥形-有孔柱形组合管桩超孔隙水压力随径向距离增大而减小；开孔孔径不同时，开孔孔径越大，锥形-有孔柱形组合管桩超孔隙水压力值越小，说明桩身开孔有利于沉桩过程中超孔隙水压力的消散。

④径向距离相同时，锥形-有孔柱形组合管桩超孔隙水压力随沉桩速度增加而增大，随深度加深逐渐增大。

⑤锥形-有孔柱形组合管桩静压沉桩产生的超孔隙水压力主要影响范围在5倍桩径以内;超出此范围,土体内超孔隙水压力无明显变化。

⑥为了方便计算,在理论推导过程中采取部分假定,并且采用适用于小应变的Mohr-Coulomb模型,理论推导所获得的锥形-有孔柱形组合管桩超孔隙水压力理论值比模拟值小。

⑦对比分析锥形-有孔柱形组合管桩超孔隙水压力的理论值和模拟值,锥形-有孔柱形组合管桩超孔隙水压力随径向距离、开孔孔径、深度以及沉桩深度的变化曲线基本相同,证实了理论推导的准确性。

⑧在一定范围内,锥形-有孔柱形组合管桩超孔隙水压力的理论值和模拟值都随着径向距离增加而减少。沉桩速度相同时,锥形-有孔柱形组合管桩超孔隙水压力理论值和模拟值均随径向距离增加而减小;开孔孔径相同时,锥形-有孔柱形组合管桩超孔隙水压力理论值和模拟值均随径向距离增加而减小,随深度增加呈线性递增;离桩心越近,锥形-有孔柱形组合管桩超孔隙水压力减小越快,反之越慢。

⑨在一定范围内,径向距离相同时,锥形-有孔柱形组合管桩超孔隙水压力的理论值和模拟值都随沉桩深度加深而增大,随开孔孔径增加而减小,随沉桩速度加快而增大;沉桩深度相同时,锥形-有孔柱形组合管桩超孔隙水压力理论值和模拟值都随着径向距离增大而减小,随开孔孔径增大而减小。

⑩对比分析锥形-有孔柱形组合管桩超孔隙水压力的理论值和模拟值,得到锥形-有孔柱形组合管桩静压沉桩所产生的超孔隙水压力的作用范围主要在5倍桩径内;超出此范围,土体内的超孔隙水压力无明显变化。

⑪在桩体连续贯入土体的过程中,随着贯入深度的增加,桩周土体径向位移的影响范围也越来越大,最大影响范围约为$9D$。静压沉桩产生的土体位移随深度增加而增大。

第6章

锥形-有孔柱形组合管桩承载性状模型试验

本章介绍对锥形-有孔柱形组合管桩的静载荷试验,主要阐述锥形-有孔柱形组合管桩的设计、室内静载荷试验的设计,对试验过程中的控制要点进行说明,完成静载荷试验过程中桩顶沉降位移、桩身应变、桩周土体应力等数据的监测工作,研究分析这种组合管桩的承载性状,为锥形-有孔柱形组合管桩技术应用及推广提供试验依据。

6.1 试验设计

本次试验的主要目的是探索锥形-有孔柱形组合管桩静载荷试验过程中桩体荷载-沉降、桩身轴力、桩侧摩阻力、桩周土体应力等承载性状变化规律,分析开孔方式、管径大小、锥度大小等因素对桩体承载性状的影响,重点是研究锥形-有孔柱形组合管桩的承载性状。

6.1.1 相似比设计

本章的锥形-有孔柱形组合管桩模型与第5章基本相同。对锥形-有孔柱形组合管桩进行静载荷试验,其模型相似比设计与第5章相同。

考虑到现有的试验条件同时满足上述三个相似条件较为困难,个别相似指标很难完全按相似比例确定,本章重点在于探索锥形-有孔柱形组合管桩承载性状的变化规律,故在静载荷试验的相似比基本满足时,可以通过室内模型试验来完成本研究任务。

6.1.2 模型桩设计

在综合考虑下,选用不锈钢卷材制作锥形-有孔柱形组合管桩的模型桩。

室内静载荷试验分为3组:A组对比试验研究组合管桩柱形段的开孔方式对桩体承载性状的影响,共4根组合管桩(1号桩、3号桩、5号桩、6号桩);B组对比试验研究组合管桩锥形段的锥度对桩体承载性状的影响,共3根组合管桩(2号桩、3号桩、4号桩);C组对比试验研究组合管桩的管径对桩体承载性状的影响,共3根组合管桩(3号桩、7号桩、8号桩)。桩体参数见表6-1~表6-4。

8根不同类型的组合管桩设计参数 表6-1

桩号	管径(mm)	开孔方式	锥度	孔径(mm)
1	109	无孔	1/70	19
2	109	星状开孔	1/80	19

续上表

桩号	管径(mm)	开孔方式	锥度	孔径(mm)
3	109	星状开孔	1/70	19
4	109	星状开孔	1/60	19
5	109	单向对穿开孔	1/70	19
6	109	双向对穿开孔	1/70	19
7	127	星状开孔	1/70	22
8	159	星状开孔	1/70	28

A 组管桩设计参数 **表 6-2**

桩号	管径(mm)	开孔方式	锥度	孔径(mm)
1	109	无孔	1/70	19
3	109	星状开孔	1/70	19
5	109	单向对穿开孔	1/70	19
6	109	双向对穿开孔	1/70	19

B 组管桩设计参数 **表 6-3**

桩号	管径(mm)	开孔方式	锥度	孔径(mm)
2	109	星状开孔	1/80	19
3	109	星状开孔	1/70	19
4	109	星状开孔	1/60	19

C 组管桩设计参数 **表 6-4**

桩号	管径(mm)	开孔方式	锥度	孔径(mm)
3	109	星状开孔	1/70	19
7	127	星状开孔	1/70	22
8	159	星状开孔	1/70	28

模型桩由 0.25m 长的锥形段和 0.75m 长的柱形段组合而成,柱形段沿桩端底部向上每隔 0.2m 开孔,共 3 排孔。改变桩体的开孔方式、管径、锥度,共设计制作 8 根模型桩。模型桩设计尺寸如图 6-1 所示。

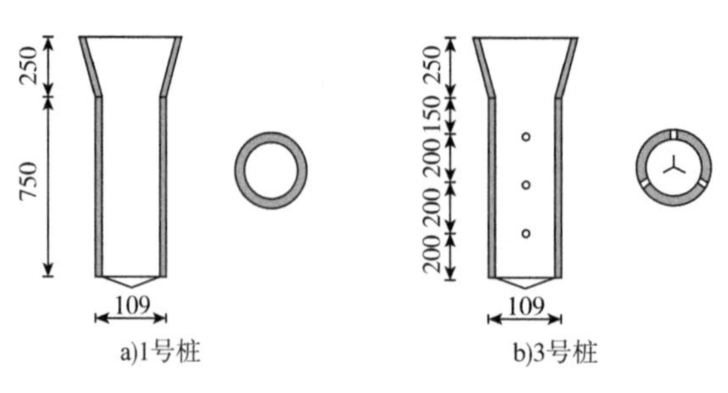

图 6-1

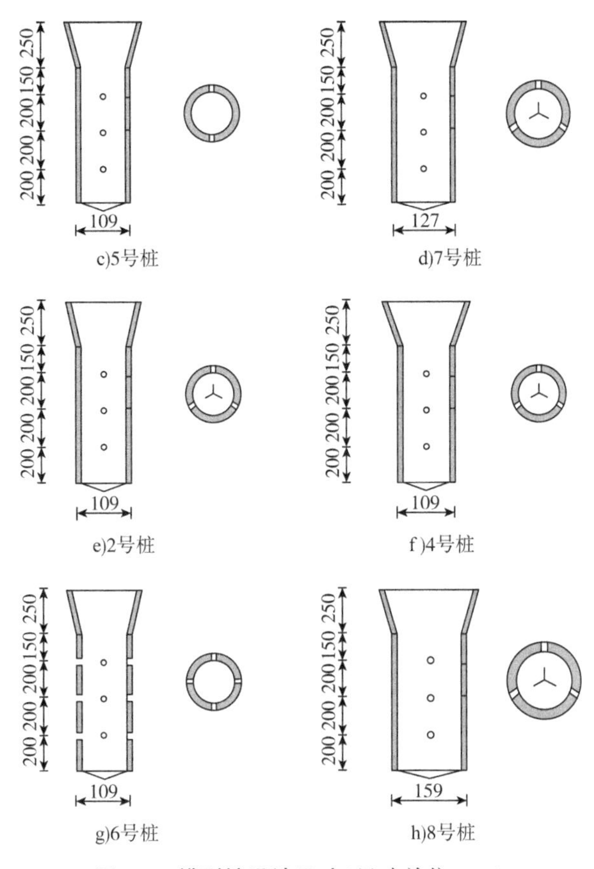

图 6-1　模型桩设计尺寸(尺寸单位:mm)

组合管桩壁较薄,仅有 3mm 厚。为减小断桩概率,对组合管桩进行封底处理。同时,考虑到模型桩尺寸较大,竖向静压沉桩过程中保持受力方向垂直较为困难,在模型桩底部制作锥尖以解决这一问题。实际模型桩和锥形桩尖如图 6-2、图 6-3 所示。

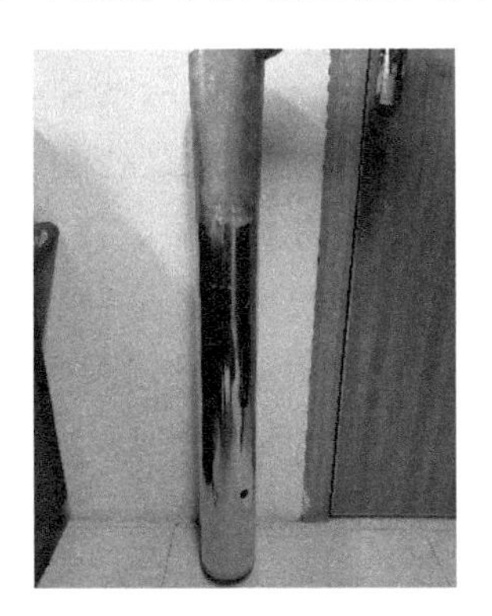

图 6-2　模型桩

图 6-3　桩尖封底图

6.1.3　模型箱制作

根据试验需求选购模型箱材料,在实验室中组装。具体制作流程如下:用 12 根 5 号角钢焊制 1.5m×1.5m×1.5m 的模型框架,在底部用 2m×2m×0.1m 的钢板焊接封底,模型箱框架初步制作完成。在模型箱框架四面各用 2 块 1.45m×0.7m×0.1m 的钢化玻璃搭接,封堵模型箱框架。使用钢化玻璃的原因是钢化玻璃透明,方便地基模型制作,其抗压强度高,能产生一定的变形而不损坏,同时玻璃间的缝隙能在静压沉桩和静载荷试验过程中排出软土地基因受压而排出的孔隙水。在静压沉桩和静载荷试验过程中,地基土体会因为受到桩体的挤压而产生一定的侧向变形,并带动钢化玻璃一起变形,故为试验顺利进行和安全考虑,在每面玻璃设两个木条格挡并用钢丝绑扎固定,如图 6-4 所示。

图 6-4　试验模型箱

6.1.4　测点布置

1) 应变片测点布置

将应变片粘贴于桩体外壁,测量桩体受竖向荷载时产生的应变。在安装应变片之前,在桩体上标记出测点位置以防出现误差[58],用砂纸打磨测点表面,并用无水乙醇清洗,待干燥后在测点附近画框线进行定位。用万用表挑选反应灵敏的应变片,在桩体测点表面涂一层薄薄的 502 胶水,用镊子夹起应变片贴附在测点处,用玻璃纸覆盖在应变片表面,轻轻按压,排出空气,再用万用表检查应变片是否完好。如应变片无损坏,则用接线端子将应变片的导线与延伸的导线焊接在一起,焊接完毕后测量应变片和导线的新电阻。接线完成后,即对应变片进行防潮处理,在应变片和接线端子处表面涂一层复合胶水,放置 1d,凝固完成后对导线进行编号并在桩体表面用胶布固定,防止导线在静压沉桩过程中被损坏。应变片的排列位置根据不同桩型开孔排列的位置进行改变,具体排列位置如图 6-5 所示。

2) 土压力盒测点布置

分层填筑地基土体,土样填筑至指定位置时分别在不同深度共埋设 5 个微型土压力盒用以监测试验过程中土体的应力变化,具体埋设位置如图 6-6 所示。考虑到地基排水,在底层铺设 200mm 厚的垫层。第一次回填土厚度为 100mm,基本整平后用墨线定出沉桩位置与该层土压力盒埋设位置,埋设过程中对埋设点找平并铺设一层细沙,随后将土压力盒受压面朝上,轻轻压送至土中,保持水平,随后铺一层细沙,就完成了土压力盒的埋设。接下来分别回填厚度为 200mm、200mm、200mm、200mm、100mm 的土样，再重复上述步骤，完成 5 层共 5 个土压力盒的埋设。最后一次土体回填量可略高于地基设计高度，以减少静压回弹产生的沉降变形量对地基土体深度的影响。

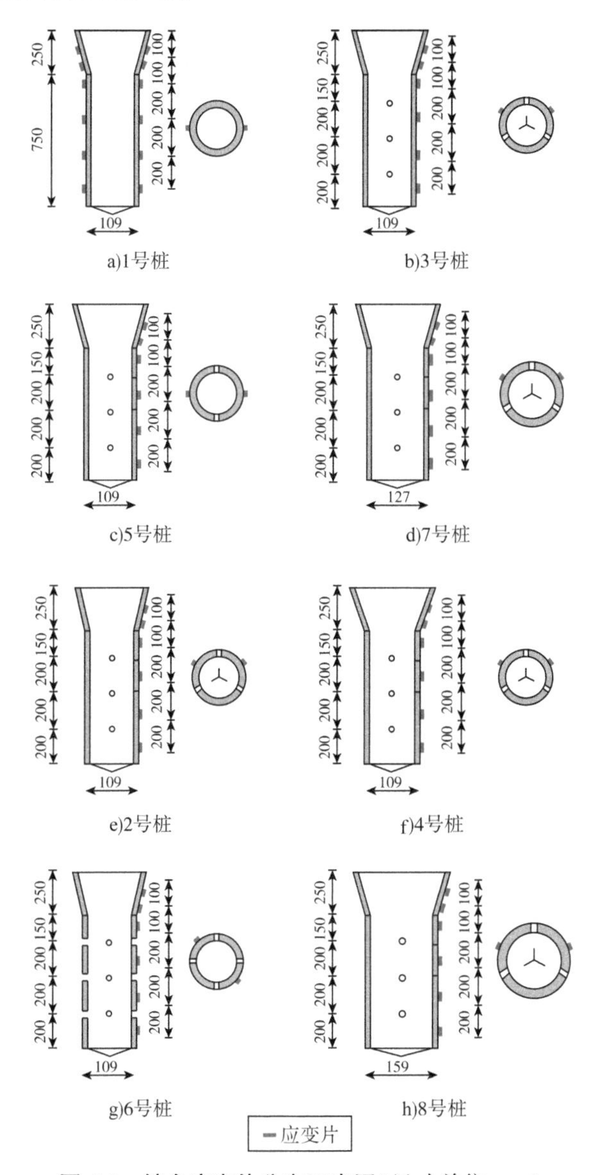

图 6-5　桩身应变片分布示意图(尺寸单位:mm)

6.1.5　地基土体制备

地基模型所采用的土样均取自南昌地区的粉质黏土。为满足试验地基模型的设计要求，需对土样进行加工处理。将所用土样晒干、捣碎、烘干，而后过筛，按试验地基土体所需的含水率对土样进行加工处理，使地基土体模型与实际软土地基的物理性质更为接近。将调配好的土样进行分层填筑，填筑过程中尽量保证土体密实、无较大的孔隙。在每层填筑完成后，将土体表面整平，并放置承压板及重物，静力压实24h，目的是保证地基土体填筑均匀。当填筑到设计高度后，将土体表面整平，在表面覆盖一层塑料薄膜，使地基的含水率在静置堆载和回弹过程中不会发生较大变化。接着放置承压板及重物进行堆载压实，静置7d后将土体表面堆载卸除，让地基土体回弹7d，7d后则视土体达到稳定状态。地基土体的制备流程如图6-7所示。

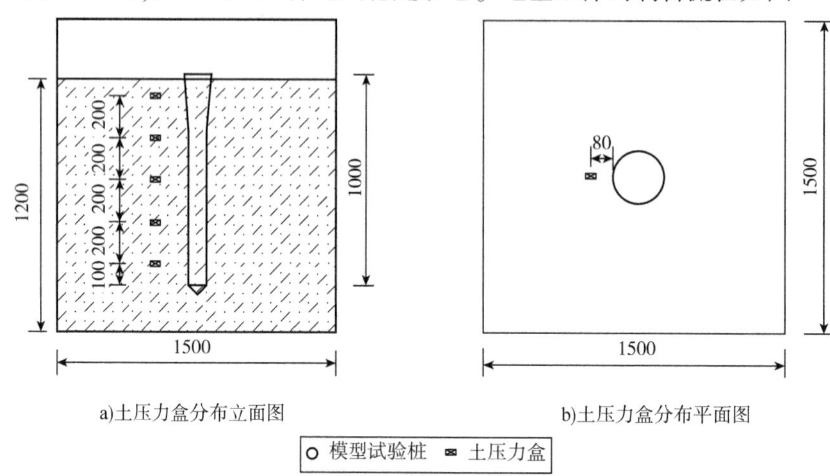

a)土压力盒分布立面图　　b)土压力盒分布平面图

○ 模型试验桩　▪ 土压力盒

图6-6　土压力盒分布图(尺寸单位:mm)

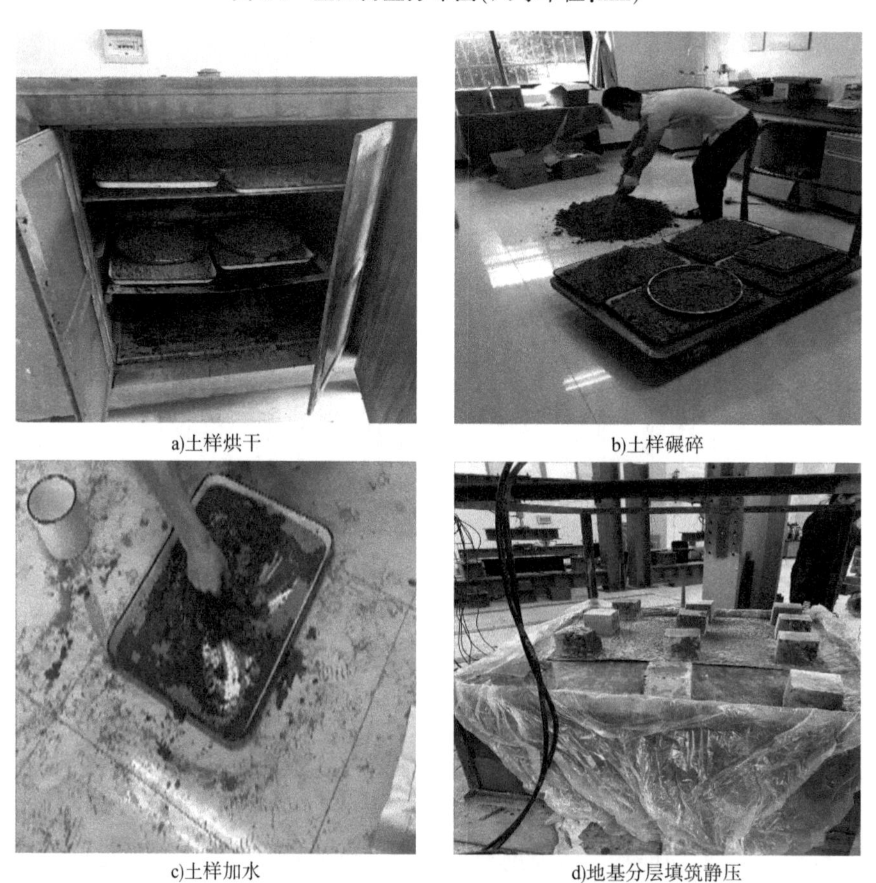

a)土样烘干　　b)土样碾碎

c)土样加水　　d)地基分层填筑静压

图　6-7

e)地基静压固结

f)地基回弹

图6-7　地基土体制备

6.1.6　试验仪器

1)微型土压力盒

工程中通常用土压力盒测定土体应力分布状况。本次模型试验采用5个LY-350型微型土压力盒(图6-8)对土体在静载荷试验过程中的应力变化进行量测。LY-350型微型土压力盒的灵敏度高、精准可靠、质量好、零点稳定,其具体技术参数见表6-5。

土压力盒主要参数　　表6-5

型号	量程范围	分辨率	外形尺寸	阻抗	绝缘电阻
LY-350	0~0.5MPa	≤0.05%	直径28mm,高9mm	350Ω	350MΩ

2)电阻式应变片

为研究桩体的荷载传递规律及不同荷载作用下桩体内力的变化,在桩体外壁贴附电阻式应变片(图6-9)监测桩身的应变情况,根据应变情况推算桩体内力变化,通过不同深度位置的轴力差值计算桩侧摩阻力值。

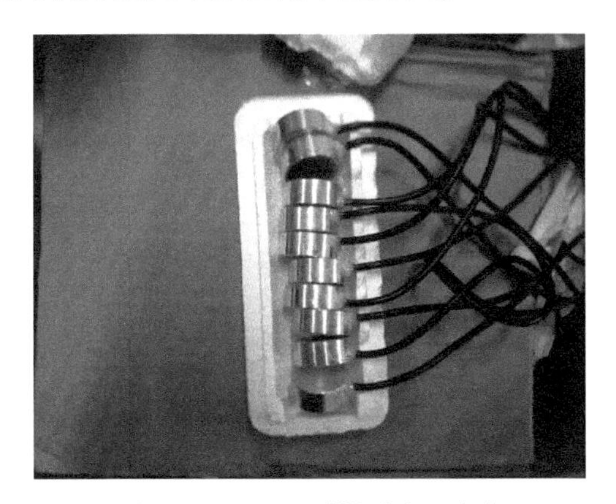
图6-8　LY-350型微型土压力盒

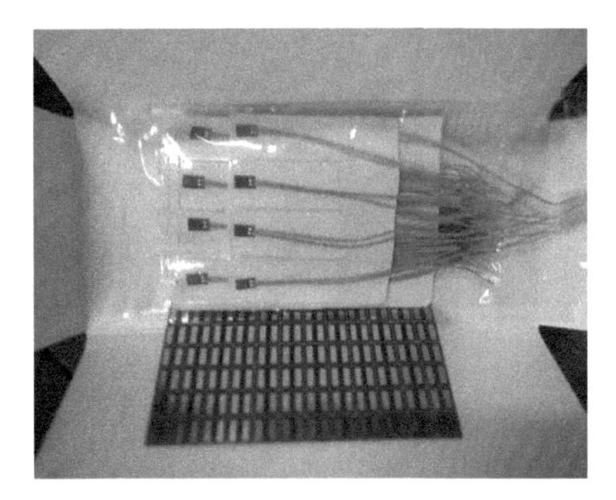
图6-9　应变片

3）百分表

利用两个百分表（图 6-10）量测桩顶在竖向荷载作用下产生的沉降变形，百分表量程为 30mm。

4）分离式液压千斤顶

采用分离式液压千斤顶（图 6-11）作为加载的主要仪器，通过手动加压实现荷载的递增。

5）应变测试仪

采用两台 DH3818-2 静态应变测试仪监测静载荷试验过程中土体应力变化和桩身内力变化。采用全桥接线法将所有土压力盒与测试仪的线路接好。采用四分之一桥接线法并配温度补偿片，将所有应变片与测试仪的线路接好。应变片和土压力盒的通道需要分开连接。在试验开始前，对软件中所需的试验参数进行计算与量测，最后对各测点调试平衡。应变测试仪及软件界面如图 6-12 所示。

图 6-10　百分表

图 6-11　分离式液压千斤顶

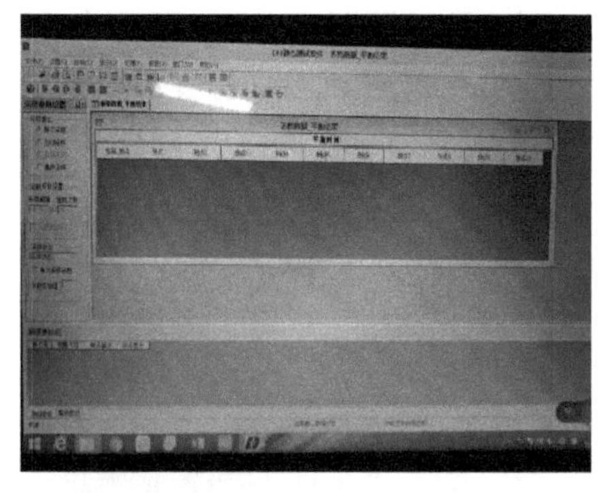

图 6-12　DH3818-2 静态应变测试仪及软件界面

6.2　静载荷试验

为探究锥形-有孔柱形组合管桩的承载性状，本小节提出了一套完整的锥形-有孔柱形组合管桩静载荷试验方案,并对试验的控制要点进行说明。

6.2.1　安装加载装置

本次试验选用 ZHYD200 分离式液压千斤顶对桩体进行加载,加载位置选在两个大型反力钢架之间,钢架通过螺栓锚固在地面上,确保在试验过程中钢架不会因为加载反力而被顶起从而导致试验出现误差。选定一根刚度足够的 H 型钢,通过高架吊车运至指定加载位置,用螺栓将型钢两端锚固在反力钢架之间,在静载试验中将千斤顶的荷载反力通过 H 型钢传递至钢架。在型钢的指定位置装载分离式液压千斤顶,并用螺栓锚固。由于使用千斤顶进行静压沉桩,但其行程只有 200mm,达不到试验需求的加载距离,故设计制作了一个荷载传递加长杆。荷载传递加长杆由三根柱形加长杆组成,底部有螺纹口,顶部有凸出螺栓,便于装配。在其中一根加长杆设置法兰盘,与千斤顶的法兰盘用螺栓锚固,并针对不同锥度的模型桩设计制作了几种类型的桩帽以便确保施加荷载方向正确,不会出现荷载偏移的情况,这样千斤顶既能满足加载长度的需求,又能确保力传递的准确性。将千斤顶的数值导线与应变测试仪连接,方便读取荷载大小。加载装置如图 6-13 所示。

图 6-13　加载装置

6.2.2　静压沉桩

本次试验采取静压沉桩的方式。沉桩之前,地基土体回弹完毕后除去覆盖在表面的薄膜,取部分土样进行土工试验,测量相关土体参数,为后续数值模拟试验提供试验依据。用墨线弹出预定沉桩点,将桩尖垂直对准沉桩点,在模型箱四面安排人观察桩身是否垂直,调整桩体位置。而后对千斤顶安装桩帽,将桩体垂直地压入土中。当千斤顶行程不够时,停止加载,用吊车适当调整型钢高度后装配加长杆,继续静压沉桩。加载过程中注意沉桩速度要缓慢,防止沉桩过快、发生桩体倾斜。沉桩过程中,注意应变片导线的归并。当桩帽距离土体表面2cm时,停止施加荷载。将土压力盒与应变片的导线按序号分别接在DH3818-2静态应变测试仪上,并在接有应变片的通道处接补偿片。组装百分表和磁性表座并固定在导轨上,用两个百分表测量桩顶沉降。

6.2.3 试验流程

本次静载荷试验采用慢速维持荷载法,通过分离式液压千斤顶对桩基施加荷载,整个静载荷试验严格遵照《建筑桩基检测技术规范》(JGJ 106—2014)[60]进行。试验采用九级加载,第一级荷载是1200N,随后逐级加载,每级累加荷载分为600N或1000N,直至达到试验设计荷载。加载完毕后,逐级卸载,卸载量是逐级加载量的两倍。整个静载荷试验流程是:逐级加载→记录沉降→终止加载→逐级卸载→记录回弹。第一级荷载加载完毕后,在第5min、第15min、第30min、第45min、第60min分别记录百分表上的沉降量,之后每隔30min记录一次沉降数据。1.5h内连续沉降量不超过0.1mm的情况视为沉降稳定,需进行下级加载。每级荷载重复上述方案,记录沉降数据,直至加到最大试验荷载或地基模型出现破坏。分级卸载时,每级荷载维持1h,并在第15min、第30min、第60min分别记录百分表上的回弹数据,直至荷载全部卸除,3h后读取桩顶残余回弹数据。

6.2.4 试验控制要点

锥形-有孔柱形组合管桩静载荷试验控制要点如下:

①地基土体模型在填筑过程中需缓慢分层填筑,尽量确保土体质地均匀、无较大孔隙。

②土压力盒在埋设前与埋完后,均需用万用表测试完好程度,确保土压力盒在试验中能正常工作;在土压力盒埋设过程中,导线需在土中蜿蜒引出,呈S形,防止回填土体时导线被牵扯而影响土压力盒的位置。回填后,将导线标码、分类、归束并做好保护。

③粘贴应变片过程中,注意轻轻按压,不能损坏应变片的敏感栅。导线焊接不得虚焊。各导线按顺序固定,标码、分类、归束并做好保护。防水涂层不宜过厚。沉桩速度不宜过快,以防应变片在沉桩过程中受损。沉桩前后记录应变片和导线的电阻值。

④千斤顶摆放位置要准确。在施加荷载时,必须确保力的方向垂直于土体表面、不出现偏移。手动加压需缓慢变化,防止出现过大荷载。

⑤在试验过程中,注意保护百分表和导轨不受其他因素干扰,记录数据出现前后不对应的情况。

6.3 静载荷试验结果分析

本节对不同开孔方式、管径、锥度的三组对比试验的8根锥形-有孔柱形组合管桩的试验数据进行归纳整理,绘制各类图表,分析桩体开孔方式、桩径、锥度因素变化对锥形-有孔柱形组合管桩承载性状的影响。

6.3.1　荷载-沉降分析

本次室内模型试验所得各工况荷载-沉降数据汇总表如表 6-6~ 表 6-8 所示。

1~3 号组合管桩荷载-沉降数据汇总表　　表 6-6

序号	荷载等级(N)	1 号		2 号		3 号	
		本级沉降(mm)	累积沉降(mm)	本级沉降(mm)	累积沉降(mm)	本级沉降(mm)	累积沉降(mm)
1	0	0.00	0.00	0.00	0.00	0.00	0.00
2	1200	0.25	0.25	0.18	0.18	0.31	0.31
3	1800	0.33	0.58	0.23	0.41	0.23	0.54
4	2400	0.46	1.04	0.41	0.82	0.26	0.80
5	3000	0.84	1.88	0.79	1.61	0.45	1.25
6	3600	1.25	3.13	1.05	2.66	1.20	2.45
7	4200	1.89	5.02	2.71	5.37	2.43	4.88
8	4800	3.60	8.62	2.62	7.99	2.73	7.61
9	5400	4.40	13.02	3.75	11.74	2.98	10.59
10	6000	6.38	19.40	5.75	17.49	5.56	16.15
11	4800	−0.43	18.97	−0.37	17.12	−0.36	15.79
12	3600	−0.38	18.59	−0.33	16.79	−0.26	15.53
13	2400	−0.29	18.30	−0.29	16.50	−0.29	15.24
14	1200	−0.26	18.04	−0.22	16.28	−0.15	15.09
15	0	−0.12	17.92	−0.15	16.13	−0.10	14.99

4~6 号组合管桩荷载-沉降数据汇总表　　表 6-7

序号	荷载等级(N)	4 号		5 号		6 号	
		本级沉降(mm)	累积沉降(mm)	本级沉降(mm)	累积沉降(mm)	本级沉降(mm)	累积沉降(mm)
1	0	0.00	0.00	0.00	0.00	0.00	0.00
2	1200	0.27	0.27	0.38	0.38	0.24	0.24
3	1800	0.24	0.51	0.39	0.77	0.23	0.47
4	2400	0.36	0.87	0.55	1.32	0.40	0.87
5	3000	0.49	1.36	0.65	1.97	0.55	1.42
6	3600	0.78	2.14	0.98	2.95	1.56	2.98
7	4200	1.06	3.20	1.60	4.55	2.07	5.05
8	4800	1.85	5.05	2.73	7.28	2.39	7.44
9	5400	2.75	7.80	3.37	10.65	3.05	10.49
10	6000	6.27	14.07	6.59	17.24	4.02	14.51
11	4800	−0.27	13.80	−0.39	16.85	−0.35	14.16
12	3600	−0.25	13.55	−0.31	16.54	−0.26	13.90

续上表

序号	荷载等级(N)	4号		5号		6号	
		本级沉降(mm)	累积沉降(mm)	本级沉降(mm)	累积沉降(mm)	本级沉降(mm)	累积沉降(mm)
13	2400	−0.21	13.34	−0.28	16.26	−0.23	13.67
14	1200	−0.17	13.17	−0.19	16.07	−0.14	13.53
15	0	−0.10	13.07	−0.12	15.95	−0.10	13.43

7~8号组合管桩荷载-沉降数据汇总表 **表6-8**

荷载等级(N)	7号		荷载等级(N)	8号	
	本级沉降(mm)	累积沉降(mm)		本级沉降(mm)	累积沉降(mm)
0	0.00	0.00	0	0.00	0.00
1200	0.17	0.17	1200	0.16	0.26
1800	0.18	0.35	1800	0.24	0.40
2400	0.24	0.59	2400	0.68	1.08
3000	0.54	1.13	3000	0.83	1.91
3600	0.81	1.94	4000	1.08	2.99
4200	1.30	3.24	5000	1.11	4.10
5000	2.80	6.04	6000	1.51	5.61
6000	3.20	9.24	7000	2.86	8.47
7000	5.40	14.64	8000	3.52	11.99
5000	−0.41	14.23	6000	−0.38	11.61
3000	−0.34	13.89	4000	−0.24	11.37
1000	−0.23	13.66	2000	−0.15	11.22
0	−0.10	13.56	0	−0.02	11.20

A组对比试验(锥度均为1/70,管径均为109mm,开孔方式不同)中:1号桩的总沉降量为19.4mm,5号桩(单向对穿开孔)的总沉降量为17.24mm,3号桩(星状开孔)总沉降量为16.15mm,6号桩(双向对穿开孔)总沉降量为14.51mm。

B组对比试验(均为星状开孔,管径均为109mm,锥度不同):2号桩(锥度1/80)总沉降量为17.49mm,3号桩(锥度1/70)总沉降量为16.15mm,4号桩(锥度1/60)总沉降量为14.07mm。

C组对比试验(均为星状开孔,锥度均为1/70,管径不同):3号桩(管径为109mm)总沉降量为16.15mm,7号桩(管径为127mm)总沉降量为14.64mm,8号桩(管径为159mm)总沉降量为11.99mm。

与1号桩相比,2~8号桩沉降量分别减少了11.12%、16.77%、25.22%、9.87%、27.49%、24.56%、38.21%。1~8号桩回弹量分别为1.6mm、1.36mm、1.16mm、1.00mm、1.29mm、1.08mm、1.08mm、0.79mm,1~8号桩沉降回弹率分别为8.25%、7.78%、7.18%、7.11%、7.48%、7.44%、7.38%、6.59%。其中,1号桩的沉降量和回弹量最大,8号桩的沉降量和回弹量最小。

为更清楚了解各因素对桩顶沉降的影响,图6-14~图6-16分别给出了三组对比试验的荷载-沉降曲线。

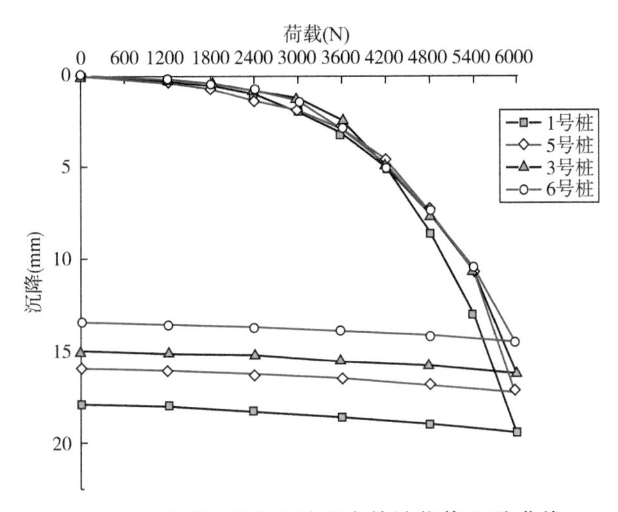

图 6-14　不同开孔方式的组合管桩荷载-沉降曲线

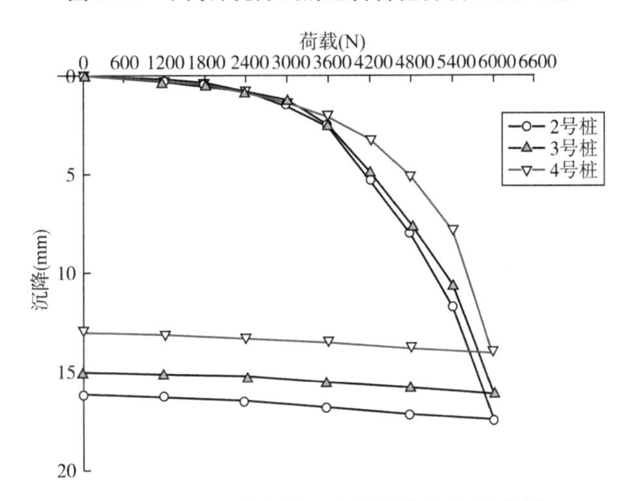

图 6-15　不同锥度的组合管桩荷载-沉降曲线

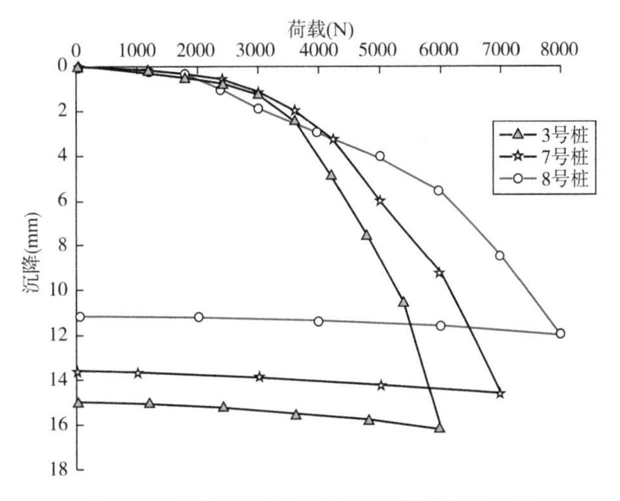

图 6-16　不同管径的组合管桩荷载-沉降曲线

1)A 组对比试验

由图6-14可知,在开孔方式对比试验中,1号桩沉降量最大,其次是5号桩(单向对穿开孔),沉降量最小的是6号桩(双向对穿开孔)。在桩顶回弹量方面,1号桩回弹量最大,接着是5号桩,6号桩回弹量最小。1号桩、3号桩、5号桩、6号桩在前两级荷载作用下荷载-沉降曲线缓慢下降,近似线性递增,曲线相对平缓;随着荷载等级提升,桩体沉降量出现不同程度的增大,组合管桩开孔越多,其沉降增量越小,卸载后桩顶回弹量也越小。原因是加载初期,荷载较小,桩基沉降主要源于桩体变形,而桩体近似弹性变形,土体产生的沉降微小,此时桩身开孔方式对土中孔隙水的排出影响不大;随着荷载等级增加和时间的推移,桩身开孔数量对土中孔隙水排出效率的影响逐渐显现,桩体开孔数量多则土中孔隙水排出的效率高,有效地改善了土体结构,加速了土体固结,因此桩体在控制沉降量方面的能力增强。

根据《建筑桩基检测技术规范》(JGJ 106—2014)的要求,对陡降型荷载-沉降曲线,取拐点处的荷载值作为桩体竖向抗压极限承载力,1号桩、3号桩、5号桩、6号桩承载力分别为4800N、4200N、3600N、3000N。3号桩、5号桩、6号桩与1号桩的承载力相比分别折减12.5%、25%、37.5%。星状开孔在空间上构成稳定的三角拱结构,故而有效地减少了桩体承载力的折损,因此,星状开孔是桩体开孔的最优方式。

2)B 组对比试验

由图6-15可知,在锥度大小对比试验中,2号桩(锥度为1/80)沉降量最大,其次是3号桩(锥度为1/70),沉降量最小的是4号桩(锥度为1/60)。在回弹量方面,2号桩土体回弹量最大,3号桩其次,4号桩最小。2号桩、3号桩、4号桩在前三级荷载作用下沉降平稳增长,近似线性递增;随着荷载等级提升,组合管桩锥度越大,沉降增量越小,曲线整体的弧度越大。分析可知,静载荷试验过程中,上部荷载作用于桩体锥形段,在桩壁法向产生挤压土体的力,对桩周土体产生挤压密实作用,在桩周形成一个土体压密区。加载初期,荷载较小,所产生的挤压力较小,锥度的改变对桩基沉降的影响不明显;随着荷载不断增大,锥度越大,桩壁法向力越大,对土体的挤压密实效果越好。同时,锥度越大,桩体侧表面与土体的接触面积越大,压密区范围相应越大,桩-土协同作用的能力越强,所提供的桩侧摩阻力也就越大,土体整体的强度得到相应的提升,在控制沉降量和回弹量方面的能力越强。

同理,按《建筑桩基检测技术规范》(JGJ 106—2014)可得,2号桩、3号桩、4号桩承载力分别为3600N、4200N、4800N。3号桩、4号桩与2号桩的承载力相比分别增长了16.67%、33.33%。通过增大锥度,形成的土体压缩区域增大,土体密实度增大,桩-土间相互作用效果增强,桩侧壁产生的侧摩阻力增大,从而有效提高桩基承载力。3号桩与1号桩相比,承载力折减了12.5%,但在控制沉降量与回弹量方面比1号桩更优秀。通过增大锥度,4号桩与1号桩承载能力几乎相同。故通过增大锥度,能够有效地弥补因组合管桩桩身开孔造成的桩体承载力损失,且在控制桩顶沉降量方面效果更好。

3)C 组对比试验

由图6-16可知,在管径大小对比试验中,3号桩(桩径为109mm)沉降量最大,其次是7

号桩(桩径为127mm),沉降量最小的是8号桩(桩径为159mm)。在回弹量方面,3号桩土体回弹量最大,7号桩其次,8号桩最小。3号桩、7号桩在前四级荷载作用下沉降较小,8号桩在前两级荷载作用下沉降曲线增量较小,3根桩的沉降近似线性增大,曲线相对平缓;随着荷载等级提升,桩体曲线出现不同程度的变化,组合管桩的桩径越大,桩顶沉降增量越小,曲线越平缓。在桩顶回弹方面,桩径越大,桩顶回弹增量越小,曲线越平缓。分析可知,加载初期,荷载较小,桩基沉降主要来自桩体变形,而桩体近似弹性变形,土体产生的沉降微小;荷载等级越高,桩体直径越大,管桩锥形段对土体的挤压密实作用越显著,桩-土协同作用能力越强,减少桩体沉降和回弹的能力越强,因此,8号桩在控制沉降量和回弹量方面优于其他两根组合管桩。

同理,按《建筑桩基检测技术规范》(JGJ 106—2014)可得,3号桩、7号桩、8号桩承载力分别为4800N、5000N、6000N。7、8号桩与3号桩的承载力相比分别增长了4.17%、25%。管径越大,在加载过程中对土体挤压密实作用越显著,将上部荷载通过管桩锥形段传递至桩周土体,达到对土体加固处理的效果,增强了桩-土协同作用的能力,在一定程度上提高桩基承载能力。但桩径过大所产生的挤土效应十分明显,在设计时应注意不宜过分追求大直径桩,可通过其他途径达到增大桩基承载力的效果。

综上所述,锥形-有孔柱形组合管桩能有效减小桩基沉降变形。将锥形桩和有孔管桩结合,能在静压沉桩过程中排出土中的孔隙水,同时利用上部荷载对周围土体进行挤压密实。因此,锥形-有孔柱形组合管桩既能加速超孔隙水压力时空消散,减轻静压桩产生的不利影响,又能增大复合地基面积置换率,达到提高地基承载力的目的。在荷载等级相同时,增加开孔数量、增大锥度、增大桩径等手段都能有效地降低桩基沉降量;增大锥度和桩径能有效地提升桩基承载力。

6.3.2 桩身轴力分析

本次试验在桩体外壁贴附应变片,测量桩体测点在静载荷试验过程中产生的应变,通过式(6-1)、式(6-2)将各测点的应变值转换成轴力值,将各测点在静载荷试验过程中的轴力值汇总成表6-9~表6-16,并根据表格数据绘制各桩型桩身轴力随深度变化的曲线,如图6-17所示。

$$\sigma_{p,b}=E_p\varepsilon_b \tag{6-1}$$

$$P_b=A_b\sigma_{p,b} \tag{6-2}$$

式中,$\sigma_{p,b}$为桩身b截面正应力;E_p为桩体弹性模量;ε_b为桩身b截面应变;P_b为桩身b截面上轴力;A_b为b截面有效面积。

无孔、锥度1/70、桩径109mm的1号桩各测点桩身轴力(单位:N) **表6-9**

荷载	深度					
(N)	0.1m	0.2m	0.3m	0.5m	0.7m	0.9m
1200	946.633	754.957	613.628	452.851	413.169	389.082
1800	1275.717	1066.079	893.930	726.982	549.707	482.851

续上表

荷载（N）	深度					
	0.1m	0.2m	0.3m	0.5m	0.7m	0.9m
2400	1707.028	1438.996	1168.540	899.386	704.971	606.982
3000	2356.241	2041.139	1683.143	1368.317	1136.079	999.386
3600	2756.542	2307.427	1960.627	1617.433	1333.750	1196.470
4200	3147.056	2760.045	2239.355	1846.465	1518.540	1337.570
4800	3604.788	3163.445	2622.266	2226.580	1891.139	1687.955
5400	3835.265	3360.314	2754.859	2346.247	1993.930	1707.427
6000	4008.888	3468.869	2816.933	2405.992	2024.067	1734.646

星状开孔、锥度 1/80、桩径 109mm 的 2 号桩各测点桩身轴力（单位：N） **表 6-10**

荷载（N）	深度					
	0.1m	0.2m	0.3m	0.5m	0.7m	0.9m
1200	844.722	737.965	625.287	570.645	546.247	523.317
1800	1223.275	1012.792	867.036	736.849	678.298	617.368
2400	1726.683	1509.768	1238.809	1091.962	983.424	898.049
3000	2240.471	1977.205	1599.873	1385.618	1168.930	1049.568
3600	2777.486	2379.242	1922.596	1698.392	1452.915	1322.423
4200	3048.598	2549.895	2046.009	1756.923	1501.068	1346.956
4800	3218.742	2679.004	2112.764	1814.657	1546.180	1381.223
5400	3310.719	2797.822	2150.761	1851.515	1568.669	1390.656
6000	3393.749	2872.423	2215.179	1901.223	1609.296	1416.069

星状开孔、锥度 1/70、桩径 109mm 的 3 号桩各测点桩身轴力（单位：N） **表 6-11**

荷载（N）	深度					
	0.1m	0.2m	0.3m	0.5m	0.7m	0.9m
1200	863.793	712.427	599.702	528.661	459.138	435.943
1800	1358.420	1150.733	884.759	696.825	510.968	428.813
2400	1802.081	1557.214	1140.491	886.678	693.468	588.387
3000	2300.925	1970.415	1517.159	1207.128	954.021	833.310
3600	2790.578	2373.434	1892.829	1561.492	1280.977	1083.867
4200	3082.999	2611.573	2066.322	1698.161	1391.476	1183.246
4800	3246.864	2732.461	2153.843	1776.864	1456.776	1240.146
5400	3407.656	2866.322	2233.310	1838.161	1513.957	1278.892
6000	3666.488	3048.161	2350.295	1946.322	1619.673	1380.776

星状开孔、锥度1/60、桩径109mm的4号桩各测点桩身轴力(单位:N)　　表6-12

荷载(N)	深度					
	0.1m	0.2m	0.3m	0.5m	0.7m	0.9m
1200	853.020	782.334	613.670	555.255	535.647	519.534
1800	1384.562	1096.730	861.020	695.745	606.350	575.922
2400	1897.349	1474.780	999.453	758.533	655.388	613.670
3000	2252.191	1787.178	1289.017	966.012	782.334	733.863
3600	2685.761	2215.740	1689.017	1348.716	1146.187	992.197
4200	3059.153	2564.805	1919.421	1558.360	1266.561	1112.265
4800	3336.592	2764.389	2088.902	1673.158	1351.561	1137.454
5400	3612.215	2960.990	2220.269	1769.105	1411.597	1146.628
6000	4026.705	3279.330	2460.990	1989.017	1579.330	1282.463

单向对穿开孔、锥度1/70、桩径109mm的5号桩各测点桩身轴力(单位:N)　　表6-13

荷载(N)	深度					
	0.1m	0.2m	0.3m	0.5m	0.7m	0.9m
1200	758.650	643.405	547.956	494.166	443.405	413.376
1800	1291.153	1054.325	854.554	741.003	654.325	622.078
2400	1701.455	1432.747	1085.917	901.4710	808.650	702.410
3000	2295.626	1962.943	1549.176	1331.099	1191.153	993.185
3600	2579.857	2238.875	1794.024	1462.176	1301.455	1085.812
4200	3041.654	2655.407	2193.008	1829.973	1545.626	1268.861
4800	3258.201	2819.205	2276.638	1833.350	1507.431	1216.752
5400	3506.379	2963.181	2403.497	1955.407	1616.752	1319.973
6000	3709.205	3128.437	2522.943	2038.875	1666.786	1358.030

双向对穿开孔、锥度1/70、桩径109mm的6号桩各测点桩身轴力(单位:N)　　表6-14

荷载(N)	深度					
	0.1m	0.2m	0.3m	0.5m	0.7m	0.9m
1200	898.063	664.159	565.663	422.196	382.038	351.556
1800	1469.962	1112.347	815.465	615.439	514.390	437.866
2400	1930.376	1561.222	1213.522	938.083	815.465	643.379
3000	2267.098	1867.722	1345.124	1025.740	888.673	659.219
3600	2755.519	2270.194	1703.877	1274.698	1010.617	773.437
4200	3087.893	2572.816	1900.270	1451.471	1114.476	869.491
4800	3205.569	2645.639	1953.548	1500.795	1159.913	874.389
5400	3363.013	2755.299	2059.424	1590.439	1245.033	950.115
6000	3500.115	2888.677	2188.685	1715.033	1345.124	1050.115

星状开孔、锥度 1/70、桩径 127mm 的 7 号桩各测点桩身轴力(单位:N) 表 6-15

荷载(N)	深度					
	0.1m	0.2m	0.3m	0.5m	0.7m	0.9m
1200	969.744	781.019	632.758	568.616	503.626	426.552
1800	1478.401	1189.221	1025.590	932.758	851.019	769.597
2400	2011.417	1705.072	1365.882	1185.590	1049.221	923.159
3000	2473.465	2158.706	1797.536	1565.882	1355.072	1175.863
3600	2960.177	2609.367	2134.076	1857.536	1598.706	1362.864
4200	3493.223	3036.689	2544.856	2234.076	1959.367	1704.861
5000	3932.000	3449.668	2897.242	2544.856	2236.689	1965.761
6000	4254.137	3729.520	3077.371	2697.242	2349.668	2022.245
7000	4758.483	4050.459	3192.557	2767.371	2379.520	2040.280

星状开孔、锥度 1/70、桩径 159mm 的 8 号桩各测点桩身轴力(单位:N) 表 6-16

荷载(N)	深度					
	0.1m	0.2m	0.3m	0.5m	0.7m	0.9m
1200	1086.276	851.961	653.119	599.828	565.366	533.678
1800	1586.727	1331.194	1099.827	976.926	896.483	809.011
2400	2210.433	1953.307	1522.333	1382.944	1276.875	1177.414
3000	2606.093	2382.290	1826.066	1526.511	1403.307	1299.068
4000	3231.564	2798.332	2149.069	1838.636	1632.290	1440.316
5000	3803.877	3292.309	2612.163	2245.646	1988.332	1789.395
6000	4138.907	3529.297	2814.401	2431.523	2152.309	1893.222
7000	4593.222	3967.552	3045.127	2617.552	2299.297	2033.558
8000	5113.558	4292.148	3156.871	2692.148	2359.091	2083.340

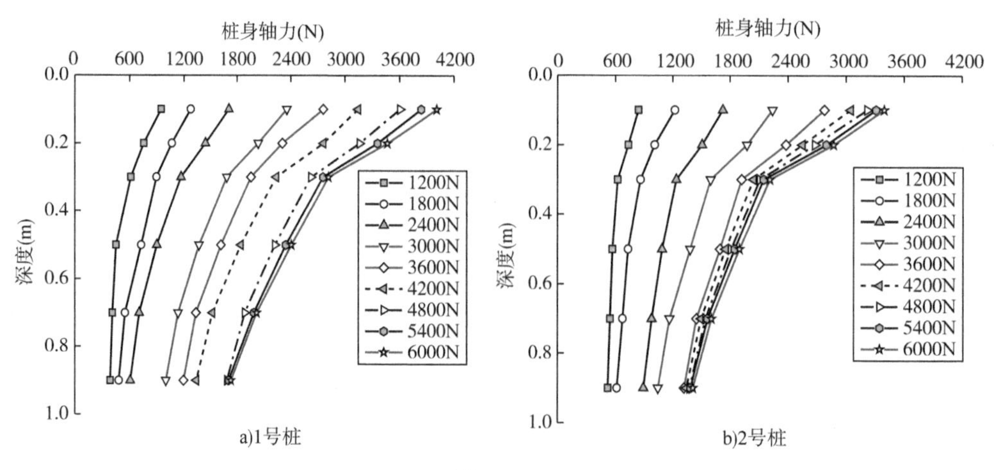

图 6-17

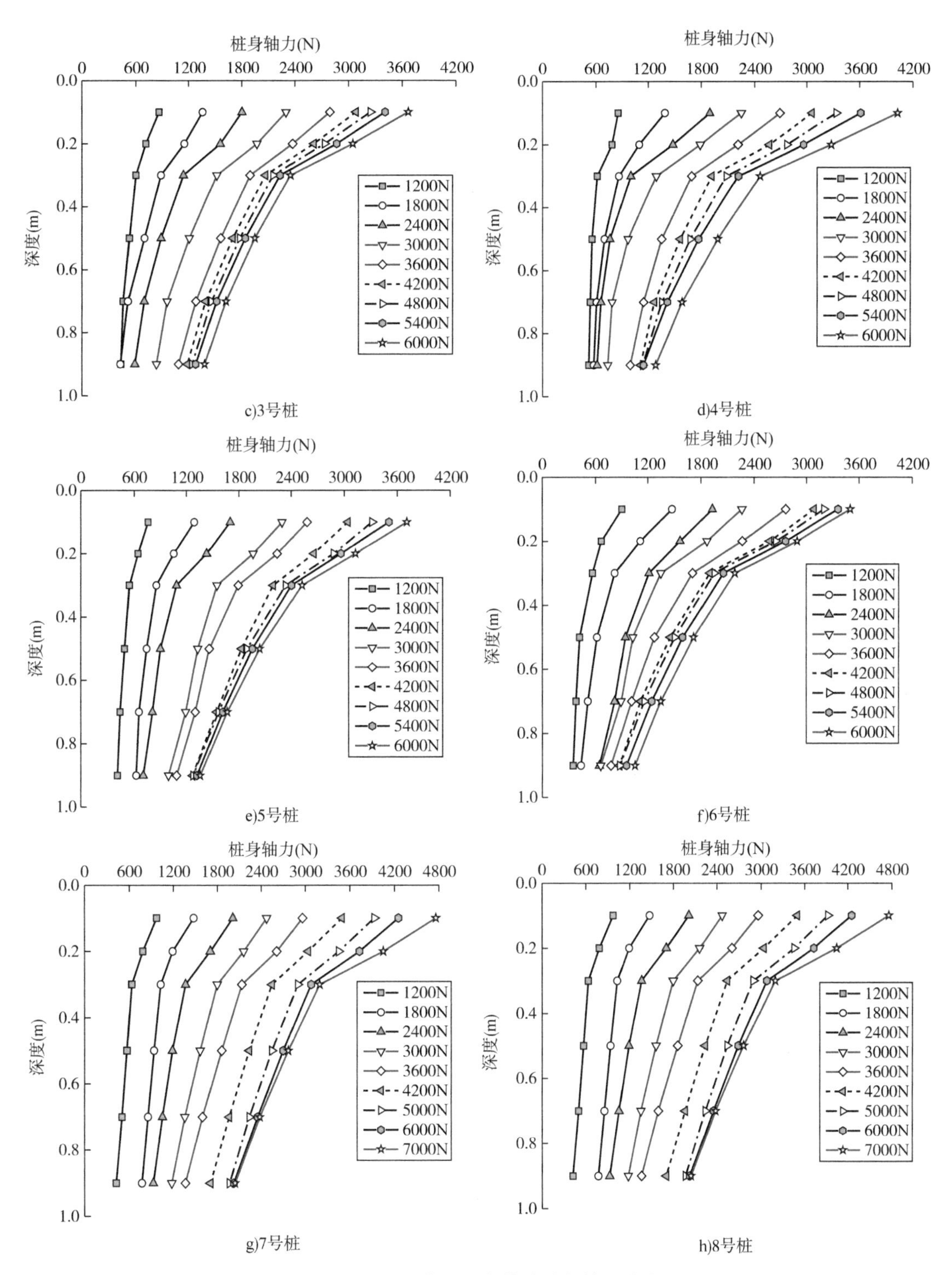

图 6-17　不同类型组合管桩桩身轴力曲线

由图 6-17 可知，8 根不同类型锥形-有孔柱形组合管桩的桩身轴力曲线呈上大下小的折线形，桩体轴力峰值出现在锥形段。在 0~0.3m 范围内桩身轴力随深度变化较大，轴力传递急剧减小;在 0.3~1m 范围内桩身轴力随深度变化较小,轴力在锥形段处减小程度较柱形段大。分析可知,上部荷载作用于桩体时,桩体锥形段的特殊结构有利于桩体承担上部荷载,通过倾斜的管壁将部分荷载传递至桩周土体,对土体进行挤压密实,桩体锥形段与土体接触紧密,轴力在锥形段减小程度较大,在柱形段减小程度较小。

在 A 组对比试验中,在 6000N 荷载作用下,1 号桩(无孔)与 3 号桩、5 号桩、6 号桩相比,柱形段桩身轴力沿深度衰减速度更小,轴力数值更大。3 号桩、5 号桩、6 号桩在后四级荷载作用下,轴力曲线更为紧密,两相邻曲线的间距更小;而 1 号桩在后三级荷载作用下,轴力曲线才变得更紧密。这说明开孔数量增加,加速了土中孔隙水的排出,柱形段的桩周土体与桩体接触更为紧密,轴力沿深度方向衰减速度增大。桩身开孔在一定程度上加速土体固结,桩-土协同作用效果更好。

在 B 组对比试验中,在 6000N 荷载作用下,4 号桩(锥度为 1/60)轴力数值更大。锥度越大的组合管桩,轴力沿深度衰减的速度越快,说明锥度越快,桩体对土体的压实效果越好,桩-土界面接触紧密,轴力沿深度衰减速度也就越快。当荷载变化时,桩身锥形段的轴力变化最剧烈,而柱形段的变化较小,随荷载增加,桩身锥形段提供的承载力越来越大。其原因是组合管桩充分发挥了有孔管桩与锥形桩的优势,利用锥形段将桩周土体压实,对土体进行加固,使桩-土能够更好地协同作用,柱形段将孔隙水排出,同样对土体起到加固作用。桩体截面大的桩身轴力大,桩体截面小的桩身轴力小,组合管桩能更好地承担上部荷载。

在 C 组对比试验中,在 6000N 荷载作用下,8 号桩(桩径为 159mm)轴力数值更大。组合管桩的桩径越快,桩身轴力沿深度方向衰减的速度越快,说明桩径增大,桩体承受的荷载越大,桩-土之间接触更为紧密,轴力沿深度衰减速度也就越快。随荷载等级提升,同一测点的桩身轴力值逐渐增大,桩身承受的荷载随之增大。

6.3.3 桩侧摩阻力分析

桩基的竖向抗压承载力与桩、土的相互接触有关,桩身侧摩阻力的发挥情况直接影响承载能力。将表 6-8~表 6-15 中各测点的轴力数据按式(6-3)进行换算,得出桩侧摩阻力,绘制 8 根组合管桩在各级荷载作用下的桩侧摩阻力曲线,如图 6-18 所示。

$$f_b = \frac{P_b - P_{b+1}}{A_{侧b}} \tag{6-3}$$

式中,f_b 为 b 截面和 $b+1$ 截面之间的侧摩阻力;$A_{侧b}$ 为 b 截面和 $b+1$ 截面之间的桩侧表面积。

由图 6-18 可知,桩侧摩阻力沿深度呈先增大后减小的规律,桩侧摩阻力自上而下逐步发挥,最大值出现桩体锥形段。加载初期,桩体锥形段的侧摩阻力较大,而桩体柱形段侧摩阻力较小,这是因为上部荷载主要由桩体锥形段承担,桩体锥形段与土体接触所产生的桩侧摩阻力较大。随着荷载提高和时间推移,桩体锥形段利用上部荷载压实土体,桩体柱形段通过桩身开孔排出土中孔隙水,柱形段的侧摩阻力逐渐发挥作用,桩侧摩阻力随着荷载提高而增大。8 根桩在不同深度处的侧摩阻力峰值见表 6-17。

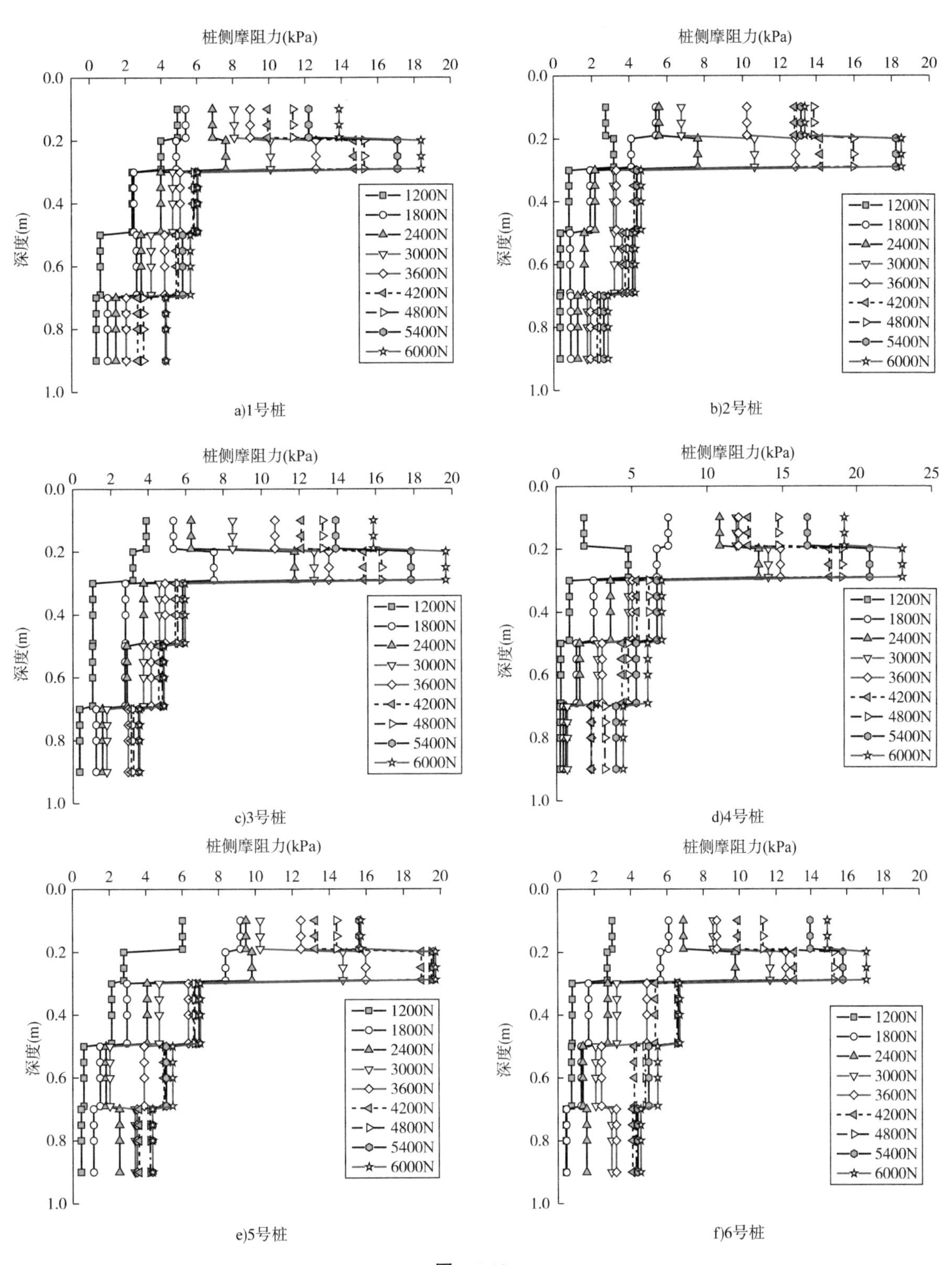
桩侧摩阻力(kPa)
深度(m)
1200N
1800N
2400N
3000N
3600N
4200N
4800N
5400N
6000N
a)1号桩
b)2号桩
c)3号桩
d)4号桩
e)5号桩
f)6号桩

图　6-18

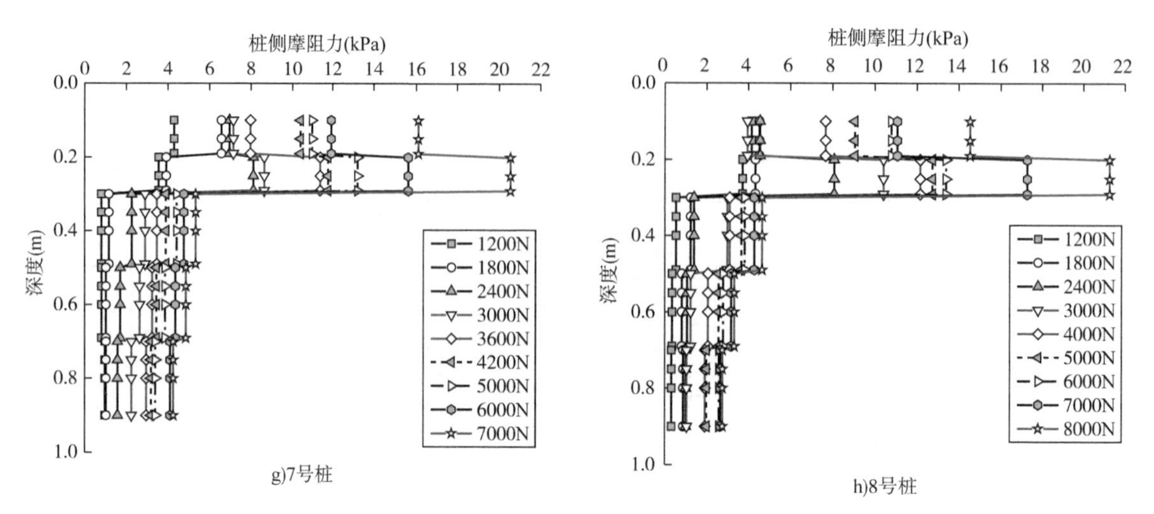

图 6-18 不同类型的组合管桩桩侧摩阻力曲线

各桩在不同深度上的桩侧摩阻力峰值 **表 6-17**

桩型	0.1~0.2m 段	0.2~0.3m 段	0.3~0.5m 段	0.5~0.7m 段	0.7~0.9m 段
1 号桩	13869.4	18373.7	6058.9	5631.1	4267.2
2 号桩	13389.3	18523.3	4629.0	4304.2	2848.9
3 号桩	15880.6	19668.2	5956.2	4816.1	3522.3
4 号桩	19195.0	23063.5	6958.8	6040.5	4377.0
5 号桩	14916.0	17064.8	7137.1	5486.1	4552.3
6 号桩	15703.7	19728.1	6983.6	5454.0	4349.6
7 号桩	16106.1	20542.7	5331.1	4863.0	4253.5
8 号桩	14533.1	21267.8	4654.1	3335.5	2761.6

由表 6-17 可知,桩侧摩阻力最大值发生在 0.2~0.3m 范围内。

在 A 组对比试验中,双向对穿开孔的 6 号桩桩侧摩阻力峰值最大。1 号桩、3 号桩、5 号桩、6 号桩在 0.3~0.9m 之间的桩侧摩阻力值相差不大。在 0.1~0.3m 之间 6 号桩的桩侧摩阻力整体大于其他三根组合管桩,其原因在于桩身开孔数量多,引导土中孔隙水进入管桩内腔的效率更高,土体固结速度更快,桩体柱形段的桩-土协同作用效果更明显,桩侧摩阻力值更大。

在 B 组对比试验中,锥度为 1/60 的 6 号桩桩侧摩阻力峰值最大。对比 2 号桩、3 号桩、4 号桩,4 号桩在 0.1~0.3m 之间的桩侧摩阻力均大于其他两根组合管桩,在 0.3~0.9m 之间各管桩的桩侧摩阻力相近。原因是在静载荷试验过程中,上部荷载作用于桩体锥形段,在桩壁法向产生一个向外作用力,对桩周土体产生挤压密实作用,形成压密区,锥度增大,荷载向地基的传力面积也增大,桩周土体压实区域扩大,桩-土之间相互作用得到有效增强,从而使桩侧摩阻力得到了充分发挥。

在 C 组对比试验中,管径 159mm 的 8 号桩桩侧摩阻力峰值最大。对比 3 号桩、7 号桩、8 号桩,8 号桩在荷载作用下对桩周土体产生的挤压效果更强,桩-土之间接触效果更好,桩

在荷载等级相同时，增加开孔数量、增大锥度、增大桩径等手段都能有效地降低桩体沉降量。其中，1号桩（无孔、锥度为1/70、桩径为109mm）沉降量和回弹量最大，8号桩（星状开孔、锥度为1/70、桩径为159mm）沉降量和回弹量最小。在开孔方式对比试验中，组合管桩开孔增多，土中孔隙水排出效率提高，有效地改善了土体结构，土体固结加快，桩体沉降量减小。在锥度大小对比试验中，组合管桩锥度越大，桩壁对土体的挤压力越大，对土体挤压密实的效果越好，压密区范围越大，控制沉降的能力越强。在桩径大小对比试验中，桩体直径越大，管桩对土体的挤压密实作用越显著，静载荷过程类似于地基加固过程，桩-土协同作用能力越强，桩体沉降量越小。通过增大锥度，4号桩（星状开孔、锥度为1/60、桩径为109mm）与1号桩（无孔、锥度为1/70、桩径为109mm）承载力相同，故通过增大锥度，能够有效地弥补因组合管桩桩身开孔造成的桩体承载力损失，且在控制桩顶沉降量方面效果更好。

②组合管桩的桩身轴力曲线呈上大下小的折线形，桩体轴力峰值出现在锥形段。在0~0.3m范围内桩身轴力随深度变化较大，轴力在锥形段减小程度较大；在0.3~0.9m范围内轴力传递平缓，轴力在柱形段减小程度较小。在开孔方式对比试验中，开孔数量增加，加速了土中孔隙水的排出和土体固结，柱形段的桩周土体与桩体接触更为紧密，桩-土协同作用效果更好，轴力沿深度方向衰减速度加快。在锥度大小对比试验中，组合管桩锥度越大，桩体对桩周土体的压实效果越好，土体承担荷载能力越强，轴力沿深度传递时衰减程度越大；随荷载增加，桩身锥形段提供的承载力越来越大，截面大的桩身轴力大，截面小的桩身轴力小。在桩径大小对比试验中，组合管桩的桩径越大，桩身轴力沿深度方向衰减的速度越快，曲线的斜率越大；随荷载等级提升，同一测点的桩身轴力值逐渐增大。

③桩侧摩阻力沿深度呈先增大后减小的规律，桩侧摩阻力自上而下逐步发挥，最大值出现桩体锥形段。分析可知，加载初期，上部荷载主要由桩体锥形段承担，桩体锥形段与土体接触所产生的桩侧摩阻力较大；随着荷载提高和时间推移，桩体整体压缩变形增大，柱形段的桩侧摩阻力逐渐发挥作用，桩侧摩阻力随着荷载提高而增大。通过增加开孔数量、增大锥度、增大桩径等方法，能有效地提升桩侧摩阻力峰值，从而提高桩体承载力。

④桩周土体应力在竖向荷载作用下沿深度逐渐增大。随着荷载增大，桩周的土体应力大幅增长，土体应力曲线的斜率不断增大。在开孔方式对比试验中，桩体柱形段的开孔数量越多，桩周土体应力越大。在锥度大小对比试验中，锥度越大，锥形段桩周土体承受的应力越大。在管径大小对比试验中，管桩的桩径越大，在荷载作用下对桩周土体产生的挤压效果越强，桩周土体承受的应力越大。

第 7 章

锥形-有孔柱形组合管桩承载性状数值模拟研究

随着计算机科学的不断发展,有限元数值分析软件被广泛应用于各类科研仿真模拟试验中,为推动科研事业的发展做出了巨大贡献。ABAQUS 拥有摩尔-库伦模型、邓肯模型、修正剑桥模型等众多材料模型,能深入分析桩体承载性能变化过程、土体弹塑性变形过程、地基破坏过程,得出的数据可与现场试验数据相互比对。本章利用 ABAQUS 软件建立锥形-有孔柱形组合管桩地基的本构模型,对 4 根不同类型锥形-有孔柱形组合管桩的承载性状进行数值模拟,分析静载荷试验过程中锥形-有孔柱形组合管桩的荷载-沉降、桩身轴力、桩侧摩阻力及桩周土体应力等承载性状变化规律,分析锥度大小和是否开孔等因素对这种组合管桩承载性状变化规律的影响。

7.1 ABAQUS 模型建立

7.1.1 构建模型部件

建立锥形-有孔柱形组合管桩的数值模型,组合管桩的参数如表 7-1 所示,模型部件如图 7-1所示。

组合管桩设计参数　　表 7-1

桩型	管径(mm)	布孔方式	锥度	孔径(mm)
1	109	无孔	1/70	19
2	109	星状开孔	1/80	19
3	109	星状开孔	1/70	19
4	109	星状开孔	1/60	19

试验桩选用不锈钢材制作。桩体由 0.25m 长的锥形段和 0.75m 长的柱形段组合而成,柱形段沿桩端底部向上每隔 0.2m 开一孔,共 3 排孔,每排孔采用 120°均分的星状开孔方式,共 3 个孔位。在桩端部,采用桩尖进行封底。

7.1.2 材料属性定义

室内试验中,采用不锈钢材料制作模型桩。在 ABAQUS 中,也采用相似的材料模型进行数值模拟运算,深入探究静载荷试验过程中桩体承载性能变化规律及桩体变形过程。锥形-有孔柱形组合管桩地基中,桩体采用各向同性弹性本构模型,桩体参数如表 7-2 所示。

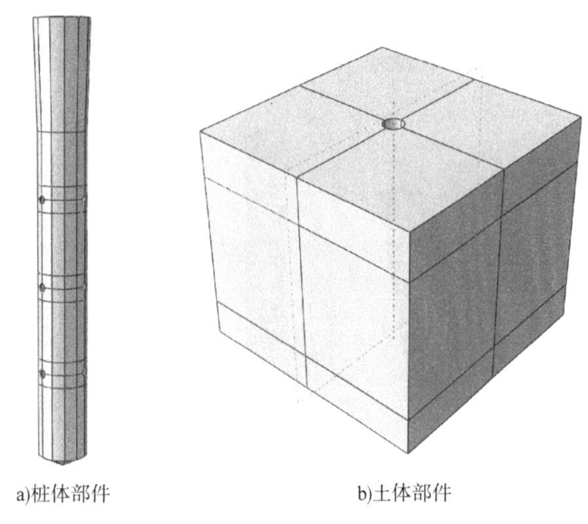

a)桩体部件　　　b)土体部件

图 7-1　模型部件图

桩体的材料模型参数　　　表 7-2

材料密度(kg/m^3)	弹性模量(MPa)	泊松比
7.9×10^3	2.06×10^4	0.3

地基土体采用 Mohr-Coulomb 弹塑性本构模型,几何尺寸为 1.5m×1.5m×1.2m。用重度、弹性模量、泊松比、黏聚力、内摩擦角来定义地基土体本构模型,并假设材料是均质的,其材料参数如表 7-3 所示。

桩周土体材料参数　　　表 7-3

土层名称	重度(kN/m^3)	弹性模量(MPa)	泊松比	黏聚力(kPa)	内摩擦角(°)
软黏土	17.2	6.75	0.3	40	20

7.1.3　设置分析步及接触关系

在 ABAQUS 分别建立"地应力平衡"及"荷载施加"两个分析步,"荷载施加"分析步设 9 个时长,对应荷载分别为 1200N、1800N、2400N、3000N、3600N、4200N、4800N、5400N、6000N。在分析步中设置各参数值,接着在场变量输出结果(Field Output)中选定输出区域、输出频率、输出变量,提交工作后可进行后处理,生成所需要的云图等。桩-土接触面采用面-面接触,仅在切向上发生有限滑动,法向上不分离。

7.1.4　荷载、边界条件及网格划分

在桩顶拟合一个集中力,对桩体施加荷载,并分九级逐步加载,模拟试验中施加静载荷的过程,并根据实际情况考虑了重力的因素。复合地基数值模型底面约束 x、y、z 方向的位移,侧面分别约束 x、y 方向的位移,如图 7-2 所示。

在划分网格时，使用 Structured 划分技术。模型土体和桩体均采用六面体线性减缩积分单元(C3D8R)，网格划分图如图 7-3 所示。

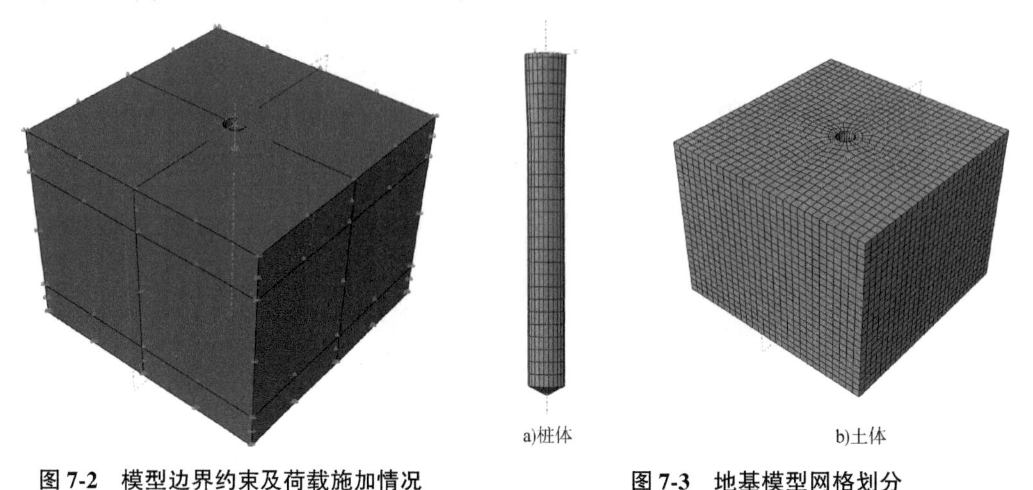

图 7-2　模型边界约束及荷载施加情况

a)桩体　b)土体

图 7-3　地基模型网格划分

7.2　数值模拟结果分析

对计算结果进行可视化，得出数值云图，如应力云图、位移云图等，提取各测点上的计算数据，对数据进行后处理，得出数值变化曲线，分析静载荷试验过程中桩体荷载-沉降、桩身轴力、桩侧摩阻力等承载性状变化规律和土体应力变化规律。

7.2.1　荷载-沉降分析

在桩顶位置施加一个集中力，对桩体逐级加载，分九级，完成每级荷载后施加下一级荷载。6000N 竖向荷载作用下各桩型沉降云图、地基土体沉降云图如图 7-4、图 7-5 所示。

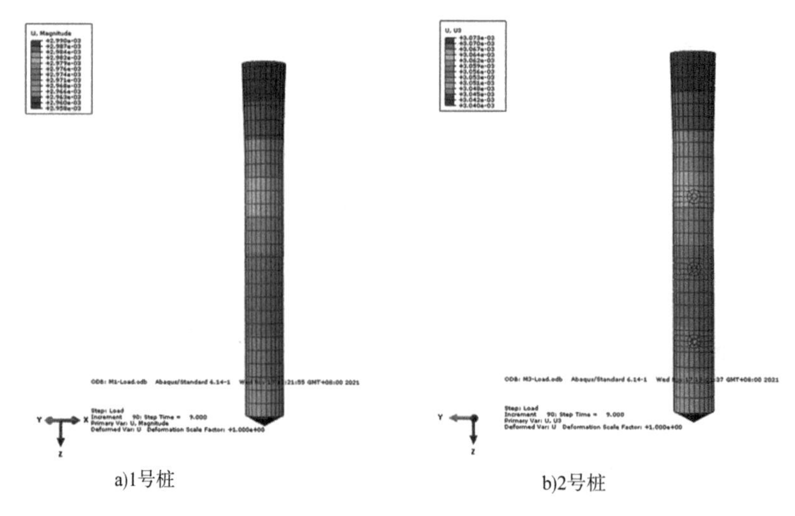

a)1号桩　b)2号桩

图　7-4

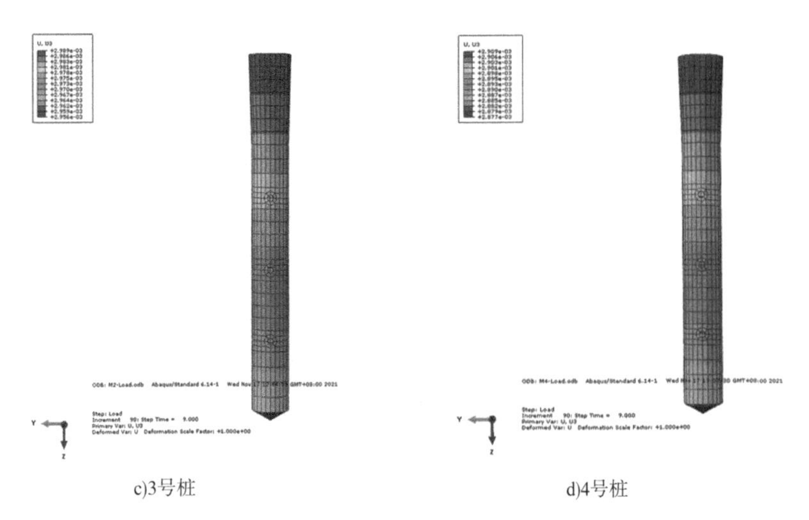

c)3号桩　　　　d)4号桩

图 7-4　各桩型组合管桩沉降云图(有限元软件截图)

由图 7-4 发现,桩体受荷载时,沉降变形呈上大下小的趋势,组合管桩的锥形段变形大、柱形段变形小。

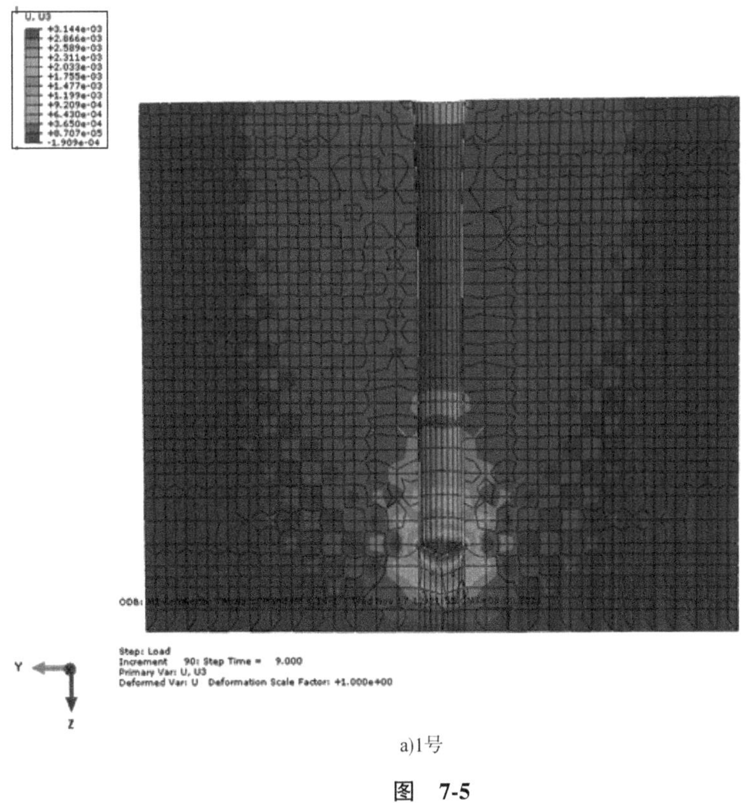

a)1号

图　7-5

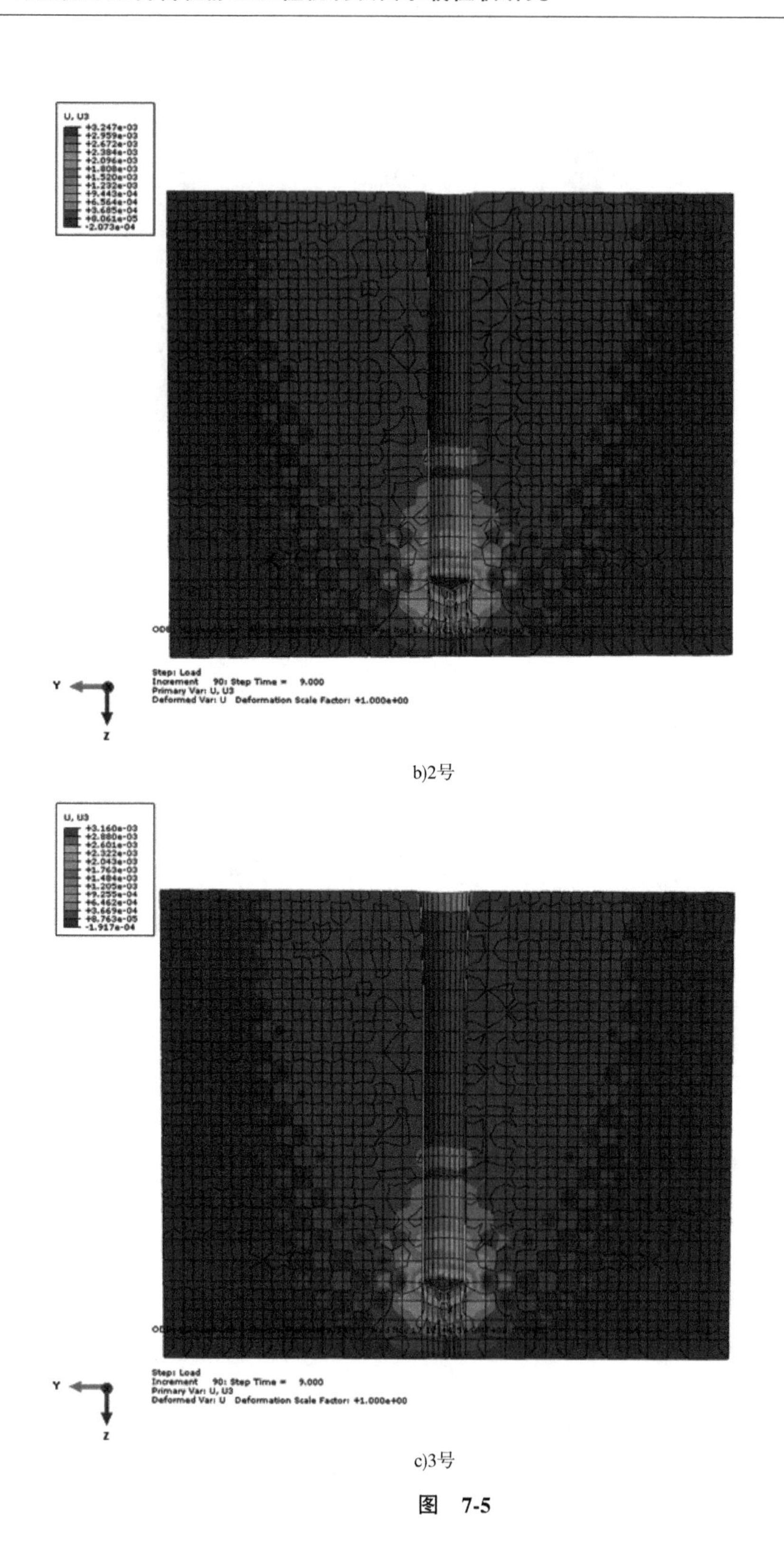
U, U3
+3.247e-03
+2.959e-03
+2.672e-03
+2.384e-03
+2.096e-03
+1.808e-03
+1.520e-03
+1.232e-03
+9.443e-04
+6.564e-04
+3.685e-04
+8.061e-05
-2.073e-04
Step: Load
Increment 90: Step Time = 9.000
Primary Var: U, U3
Deformed Var: U Deformation Scale Factor: +1.000e+00
Y
Z
U, U3
+3.160e-03
+2.880e-03
+2.601e-03
+2.322e-03
+2.043e-03
+1.763e-03
+1.484e-03
+1.205e-03
+9.255e-04
+6.462e-04
+3.669e-04
+8.763e-05
-1.917e-04
Step: Load
Increment 90: Step Time = 9.000
Primary Var: U, U3
Deformed Var: U Deformation Scale Factor: +1.000e+00
Y
Z

b)2号

c)3号

图 7-5

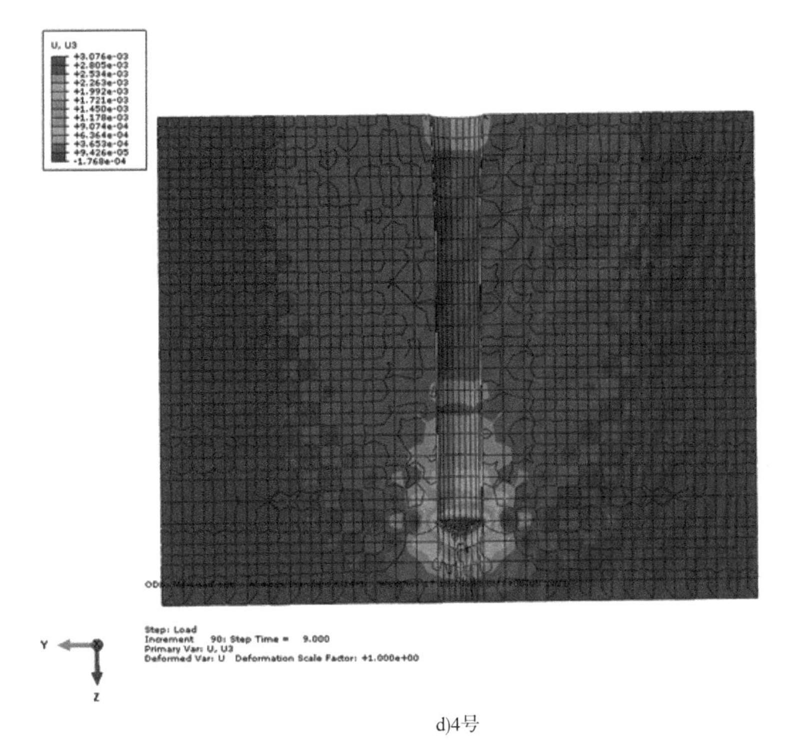

d)4号

图 7-5　各桩型地基土体沉降云图(有限元软件截图)

从图 7-5 中观察发现,地基土体模型的沉降云图呈漏斗状,上部沉降变形范围大,下部变形范围小。这是由于组合管桩锥形段在承受荷载的过程中,将荷载转换成挤压土体的力,在桩体周围形成一个压密区,荷载施加能对土体产生挤压密实的作用,加速了土体的固结,对桩基承载能力起到了一定提升作用。云图中桩顶和桩端的土体沉降变形较大,这是由于组合管桩锥形段是变截面,锥形段承受的上部荷载较大,所产生的位移变形较大,由于桩端处封底并设置锥形桩尖,桩端底部土体受挤压荷载较大,桩端土体沉降变形也较大。

运算结束后,对计算数据进行后处理,得到每级荷载作用下桩体在 z 方向上的位移,在模型各观测点提取相应数据,绘制各桩的荷载-沉降曲线(图 7-6),以及荷载-沉降曲线对比图(图 7-7)。

从图 7-6 中观察发现,四根组合管桩的沉降变形随着荷载增大而不断增大,沉降曲线有明显的陡降点,这与室内模型试验的结果相似。曲线在前六级荷载作用下呈平缓趋势,在第七级荷载(4800N)作用时随着荷载的增大而陡降,这表明土体由规律的弹性变形转为不规律的塑性变形。

从图 7-7 中观察发现,各锥形-有孔柱形组合管桩沉降量从大到小的排序为:2 号桩>1 号桩>3 号桩>4 号桩。这是因为锥度增大,桩体侧表面与土体的接触面积增大,产生的压密区范围增大,桩-土协同作用的能力增强,所提供的侧摩阻力增大,地基土体整体强度得到相应的提升,在控制沉降量方面的能力越强。3 号(锥度为 1/70)锥形-有孔柱形组合管桩和 1

号(锥度为 1/70)锥形-柱形组合管桩的荷载-沉降曲线变化规律基本一致,3 号锥形-有孔柱形组合管桩荷载-沉降曲线的曲率变化趋势更为平缓,沉降量更小。2 号(锥度为 1/80)锥形-有孔柱形组合管桩和 1 号(锥度为 1/70)锥形-柱形组合管桩荷载-沉降曲线变化规律相同,但锥度为 1/80 的组合管桩产生的沉降量更大。这是因为在运算过程中无法对试验土体参数进行实时修正,桩身开孔排水、加速土体固结的效果无法显现出来,故而锥度大小这一因素在数值模拟试验中为主要影响因素,1 号(锥度为 1/70)锥形-柱形组合管桩在控制沉降量方面优于 2 号(锥度为 1/80)锥形-有孔柱形组合管桩。

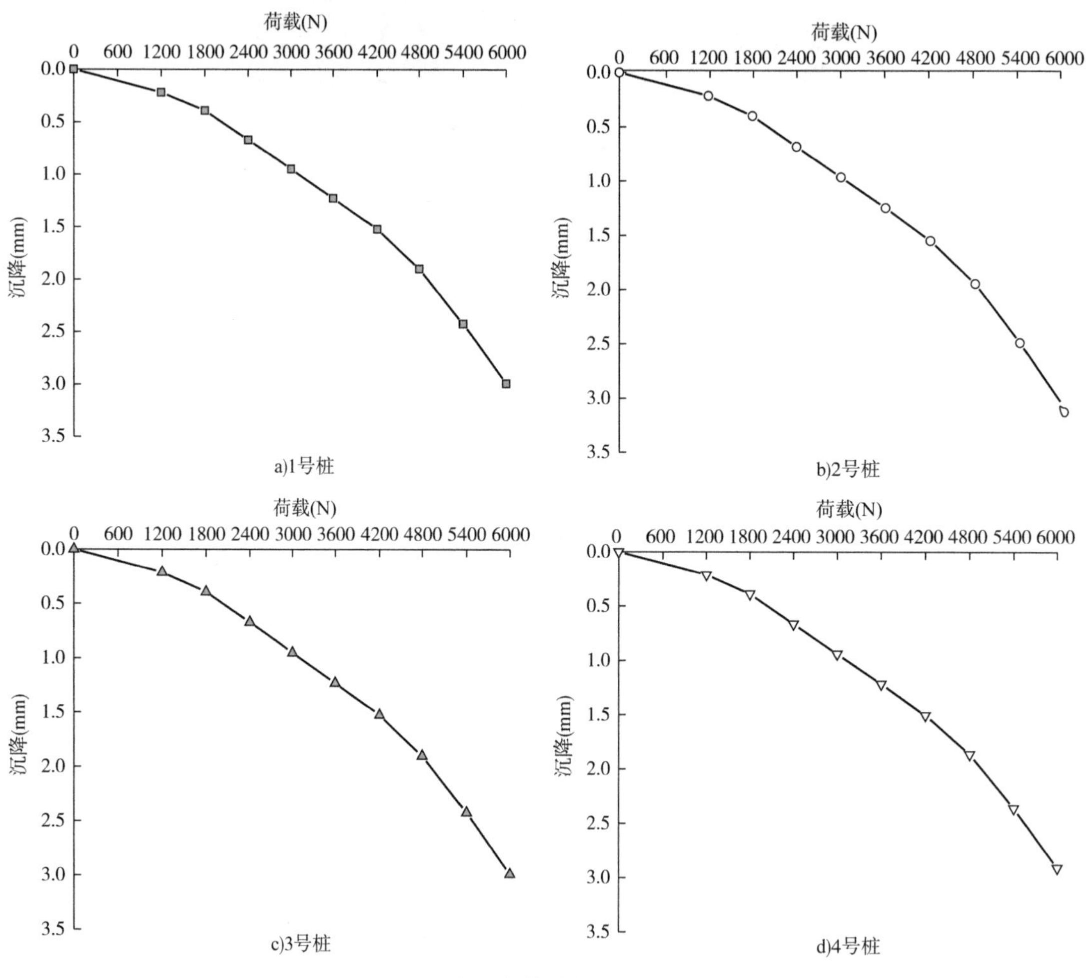

图 7-6 各组合管桩荷载-沉降曲线

7.2.2 桩身轴力分析

为了完善锥形-有孔柱形组合管桩荷载传递机理的研究,现以 4 号桩为例,取 1200N 和 6000N 荷载作用下桩体的 z 方向应力云图,分析锥形-有孔柱形组合管桩在竖向荷载作用下的应力分布情况,如图 7-8 所示。

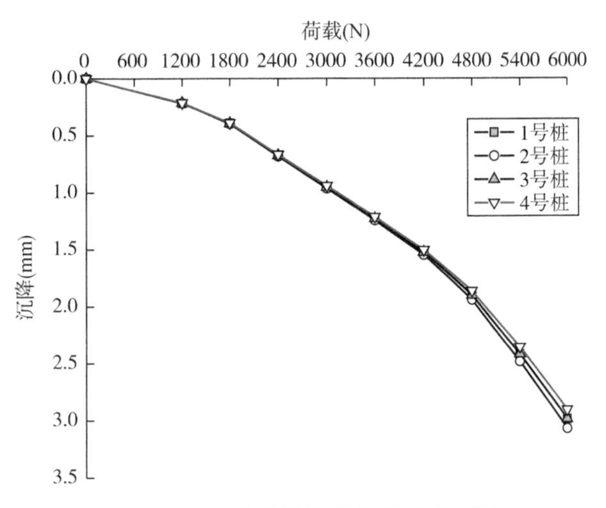

图 7-7　各组合管桩荷载-沉降曲线对比

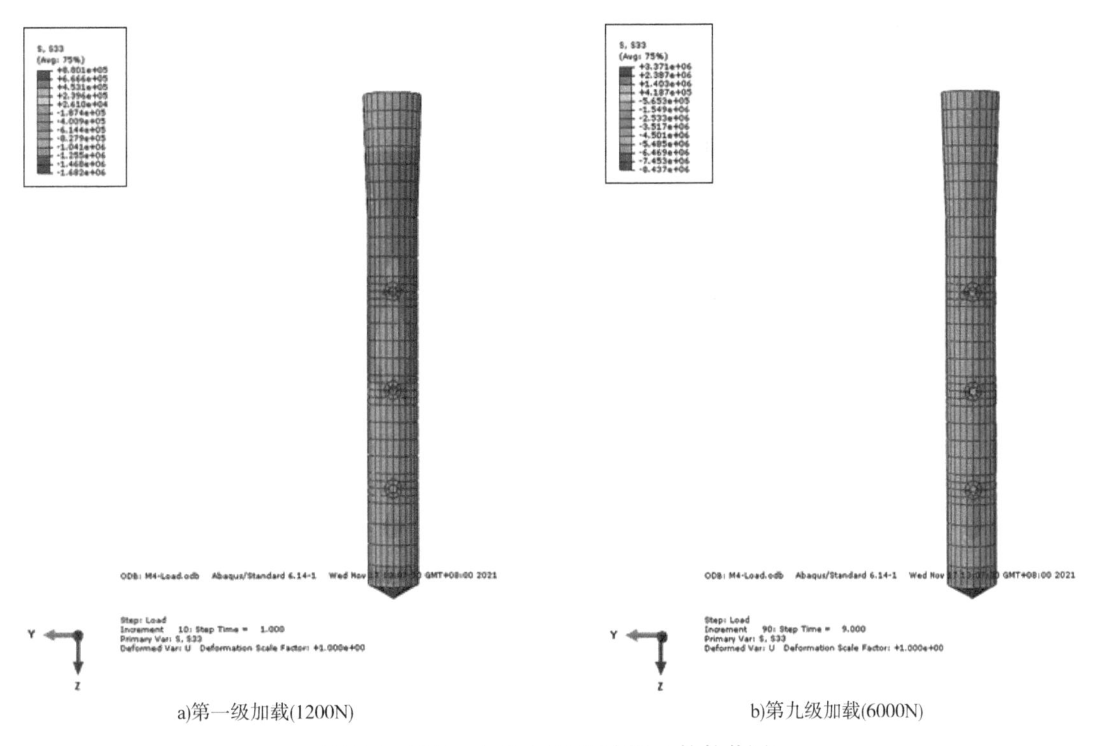
a)第一级加载(1200N)　　b)第九级加载(6000N)

图 7-8　桩体 z 向应力云图(有限元软件截图)

加载初期,竖向荷载作用下锥形-有孔柱形组合管桩锥形段应力较大,0.2~0.4m 范围内桩体应力大于其他部分,桩端处的应力值较小;随着荷载增大,同测点处的桩体应力逐渐增大,沿深度方向桩体应力逐渐减小。

运算结束后进行后处理,得出每级荷载作用下桩体在 z 方向上的应力数据,从模型提取相应数据,绘制出各桩的轴力曲线(图 7-9)及轴力曲线对比图(图 7-10)。

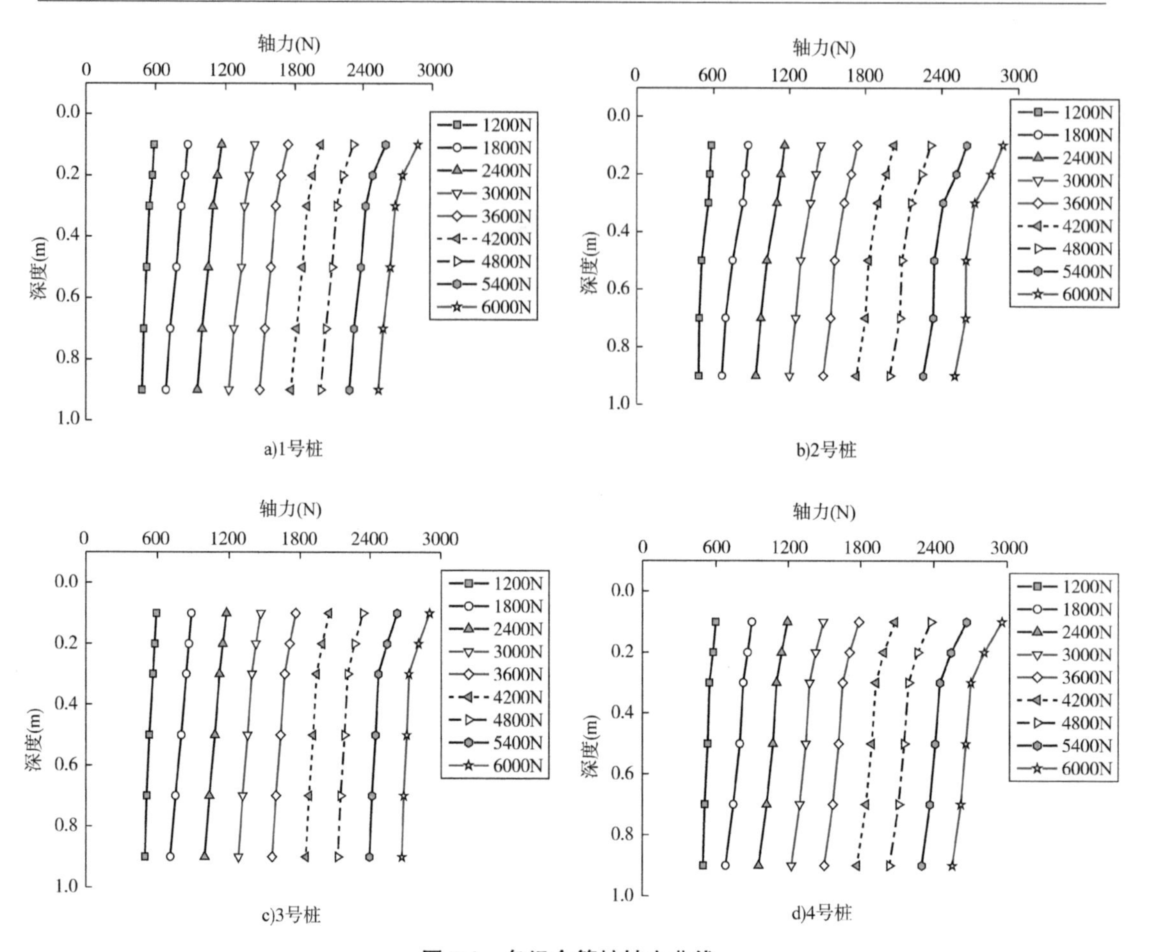

图 7-9 各组合管桩轴力曲线

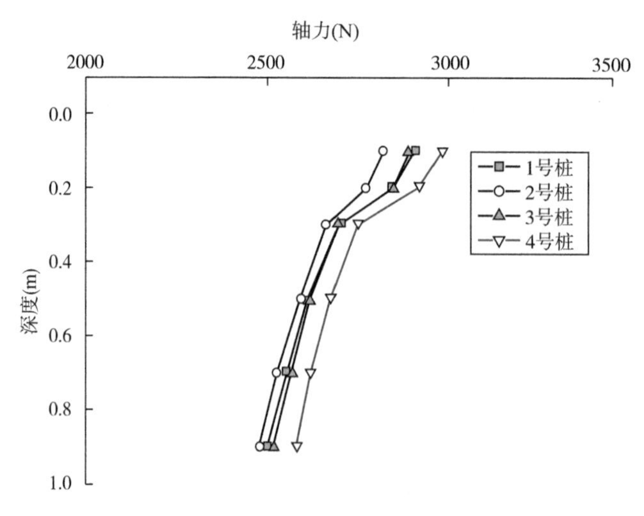

图 7-10 6000N 作用下的各组合管桩轴力曲线对比

由图 7-9 可知:4 根不同类型组合管桩的轴力曲线的变化趋势是大致相同的,桩身轴力沿深度逐渐减小。随着荷载等级增大,同一测点处的轴力值也不断增大,桩身轴力在锥形段衰减速度较快，在柱形段衰减速度较慢。分析可知，上部荷载作用于桩体时，桩体锥形段特殊的锥形结构有利于桩体承担上部荷载，通过倾斜的桩壁将部分荷载传递至桩周土体，轴力在锥形段传递削减大，在柱形段传递削减小。

由图 7-10 可知，在荷载作用下，桩身轴力沿深度呈逐渐减小的趋势，轴力在锥形段内达到峰值。对比 2 号桩、3 号桩、4 号桩，随着锥度增大，桩身轴力峰值不断提高，4 号桩的整体轴力略高于其他两根管桩。分析可知，组合管桩锥度增大，桩体所承受的荷载更多，桩体整体轴力值增大。对比 1 号桩与 3 号桩，1 号桩锥形段的桩身轴力大于 3 号桩，3 号桩柱形段的桩身轴力总体略大于 1 号桩。

7.2.3　桩侧摩阻力分析

通过式(6-5)对轴力数据进行换算，得到 4 根不同类型组合管桩在静载荷试验中的桩侧摩阻力数据，分别绘制出各工况桩侧摩阻力曲线，如图 7-11 所示。

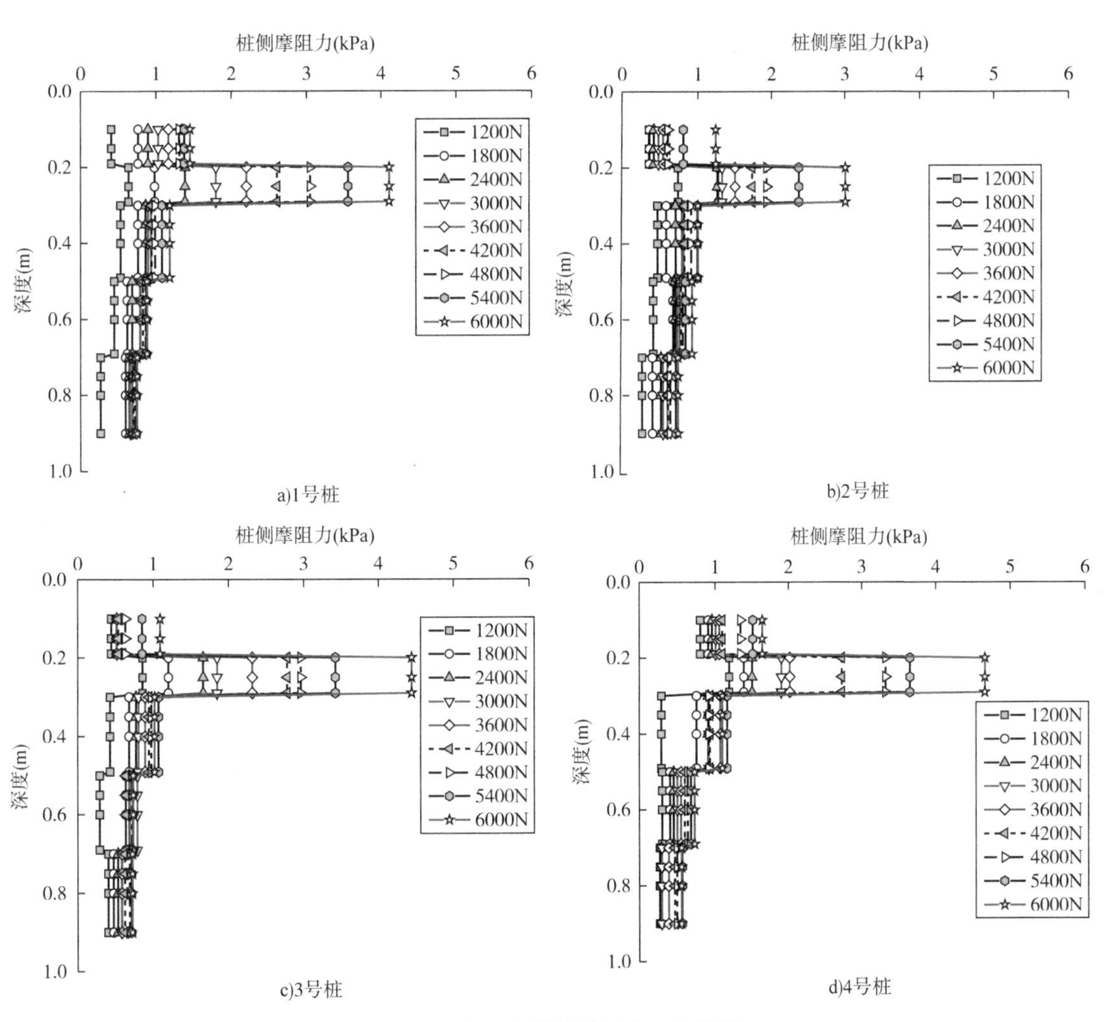

图 7-11　各组合管桩桩侧摩阻力曲线

由图 7-11 可知,桩侧摩阻力呈先增大后减小的规律,在 0.2~0.3m 之间出现桩侧摩阻力峰值,在 0.3~0.9m 之间桩侧摩阻力值较小,桩侧摩阻力在锥形段的发挥较好。随着荷载增大和时间推移,桩体柱形段侧摩阻力逐渐增大,桩侧摩阻力自上而下逐步发挥作用。随着组合管桩的锥度增大,0.2~0.3m 之间的桩侧摩阻力峰值不断增大。

7.2.4 桩周土体应力分析

通过在土体设置测点提取不同深度的土体应力数据,绘制出了 4 根不同类型组合管桩的桩周土体应力曲线(图 7-12)、桩周土体应力曲线对比图(图 7-13)。

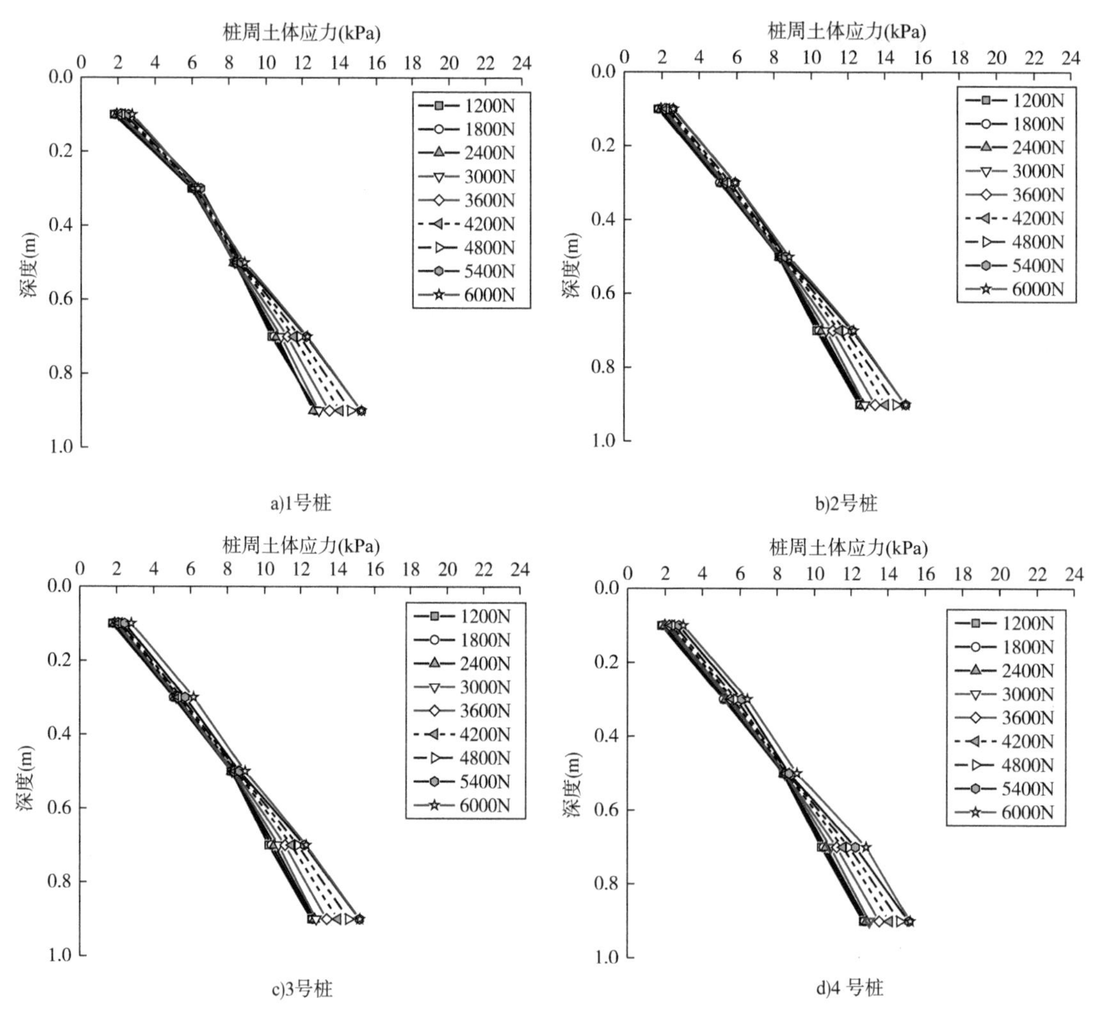

图 7-12 各组合管桩桩周土体应力曲线

分析图 7-12 可知,4 根锥形-有孔柱形组合管桩的桩周土体应力变化规律基本一致,桩周土体应力随深度增加而不断增大,同一测点处的土体应力随荷载等级增加而不断增大。

由图 7-13 可知,4 根组合管桩的桩周土体应力沿深度变化规律大致相同,桩周土体应力随深度增加呈逐渐增大的趋势,土体应力在桩端位置取得最大值。桩体锥度越大,桩周土体承受的应力越大,应力的峰值越高,4号(锥度为1/60)锥形-有孔柱形组合管桩的桩周土体应力峰值大于其他三根组合管桩,且曲线波动范围也大于其他三根组合管桩。分析可知桩体锥形段是变截面,试验过程中上部荷载作用于桩体锥形段,在桩壁法向产生挤压土体的力,对桩周土体起到挤压密实的作用。锥度增大,桩体侧表面与土体的接触面积增大,土体所受到的挤压应力越大。3号锥形-有孔柱形组合管桩(锥度为1/70)与1号锥形-柱形组合管桩的桩周土体应力沿深度变化的规律大致相似,但锥形-有孔柱形组合管桩比锥形-柱形组合管桩应力峰值更大。

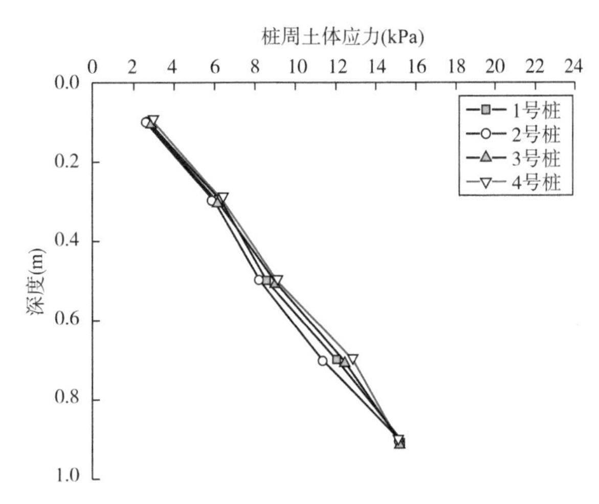

图7-13 6000N荷载作用下各组合管桩的桩周土体应力曲线对比

7.3 模型试验与数值模拟结果对比分析

为系统揭示锥形-有孔柱形组合管桩承载性状变化规律,依据第3章模型试验结果和第4章数值模拟结果,将两者的荷载-沉降、桩身轴力、侧摩阻力、桩周土体应力等承载性状进行对比分析,达到室内模型试验方法和数值模拟方法相互补充的目的。

7.3.1 荷载-沉降对比分析

选取不同开孔方式、不同锥度大小的1号桩、3号桩、4号桩作为代表,将模型试验与数值模拟试验的桩体荷载-沉降结果进行对比分析,如图7-14所示。

由图7-14可知,模型试验和数值模拟所得锥形-有孔柱形组合管桩的荷载-沉降曲线变化规律大致一样,都经历了由线性变化转为非线性变化的过程,均存在拐点。从图7-14中可观察出,相比于室内模型试验,数值模拟得出的荷载-沉降曲线更为平缓,沉降数值更小。在前三级荷载作用下,两者曲线斜率相近,但随着荷载增大,模型试验的沉降曲线斜率逐渐大于数值模拟试验的曲线斜率。两个试验结果都显示:锥度1/70的锥形-柱形组合管桩沉降量>锥度1/70的锥形-有孔柱形组合管桩沉降量>锥度1/60的锥形-有孔柱形组合管桩沉降量。这说明通过桩身开孔和增大锥度的方法能更好地控制桩基沉降。但数值模拟的沉降量小于室内试验的沉降量,综合分析产生差异的原因,主要有这几点:加载装置是分离式液压千斤顶,需要手动施压,再通过电脑软件反映加载数值,这过程中存在一定的变量,导致试验产生了一定的误差;在试验过程中,土中孔隙水的排出会引起地基产生沉降,且试验环境会影响土体中水分的蒸发,从而产生一定的沉降;在试验过程中,外部的振动会影响百分表的测量精度,从而产生一定的误差;ABAQUS 数值模拟试验的环境单一,不受外界条件影响,土体物理性质不随时间发生改变,故试验结果在数值上比模型试验偏小。

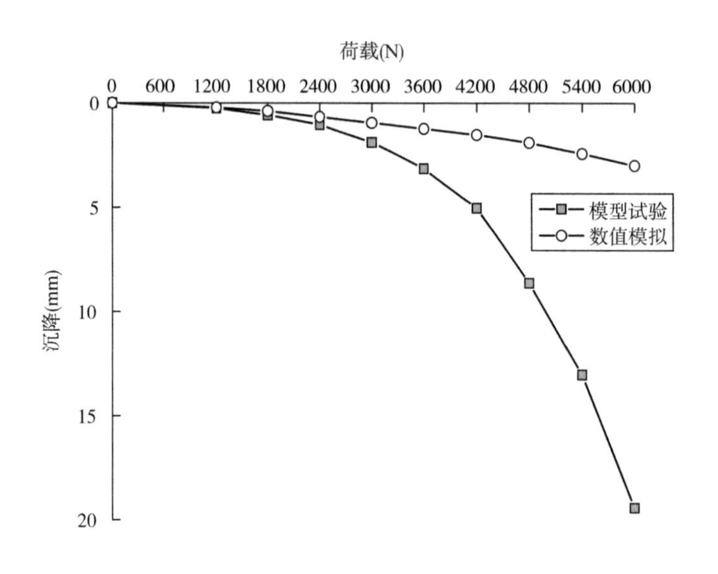

a)1号桩

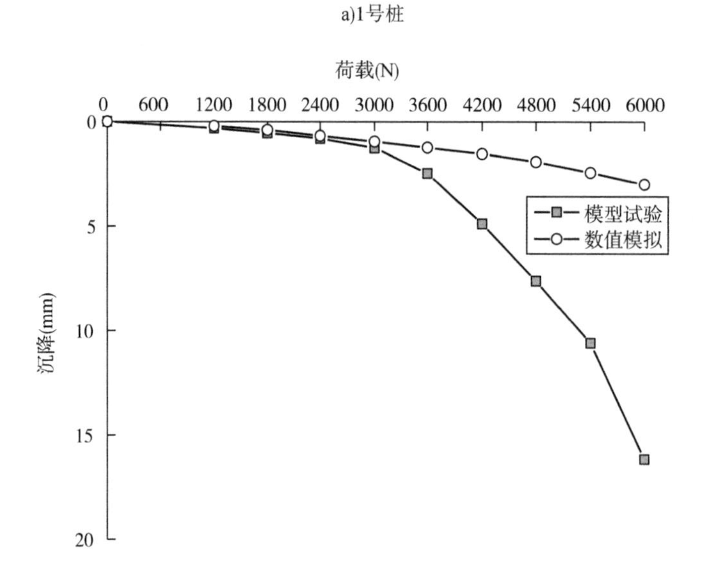

b)3号桩

图 7-14

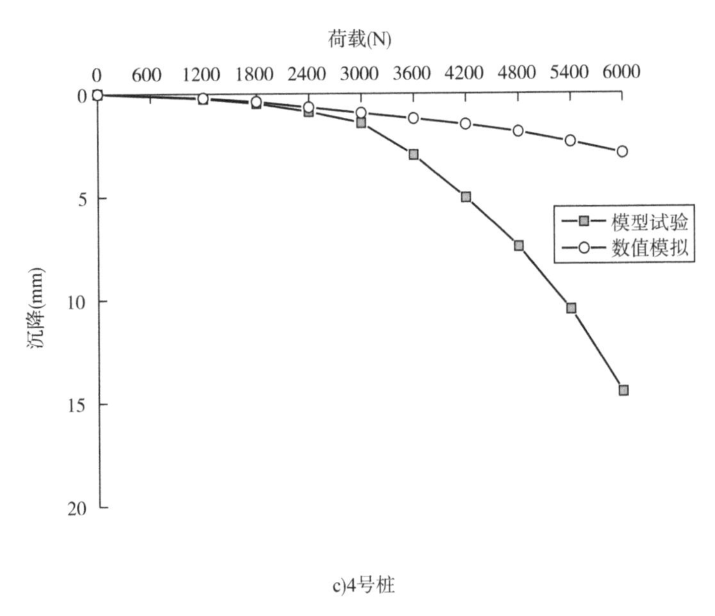

c)4号桩

图 7-14　各组合管桩模型试验与数值模拟的荷载-沉降曲线对比

7.3.2　桩身轴力对比分析

选取不同开孔方式、不同锥度大小的 1 号桩、3 号桩、4 号桩作为代表,将模型试验与数值模拟的桩身轴力变化规律进行对比分析。由于各桩型静载荷试验的加载等级较多,故选取 1200N、6000N 荷载作用下模型试验与数值模拟的桩身轴力作为代表,绘制轴力曲线对比图,如图 7-15 所示。

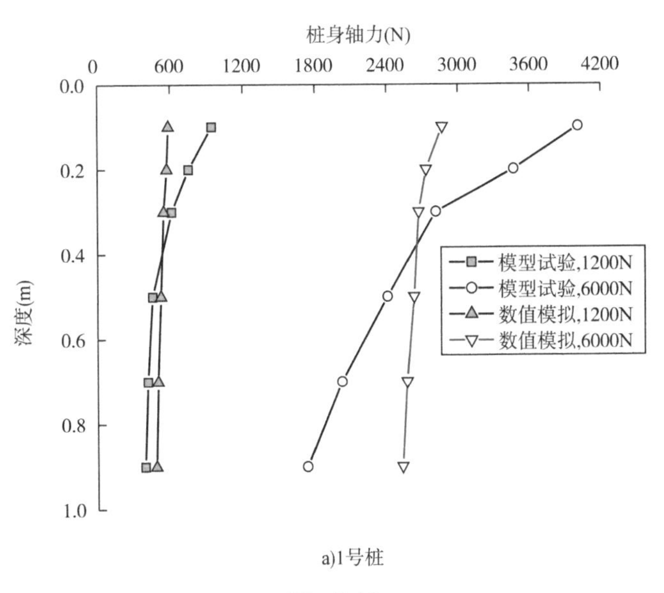

a)1号桩

图　7-15

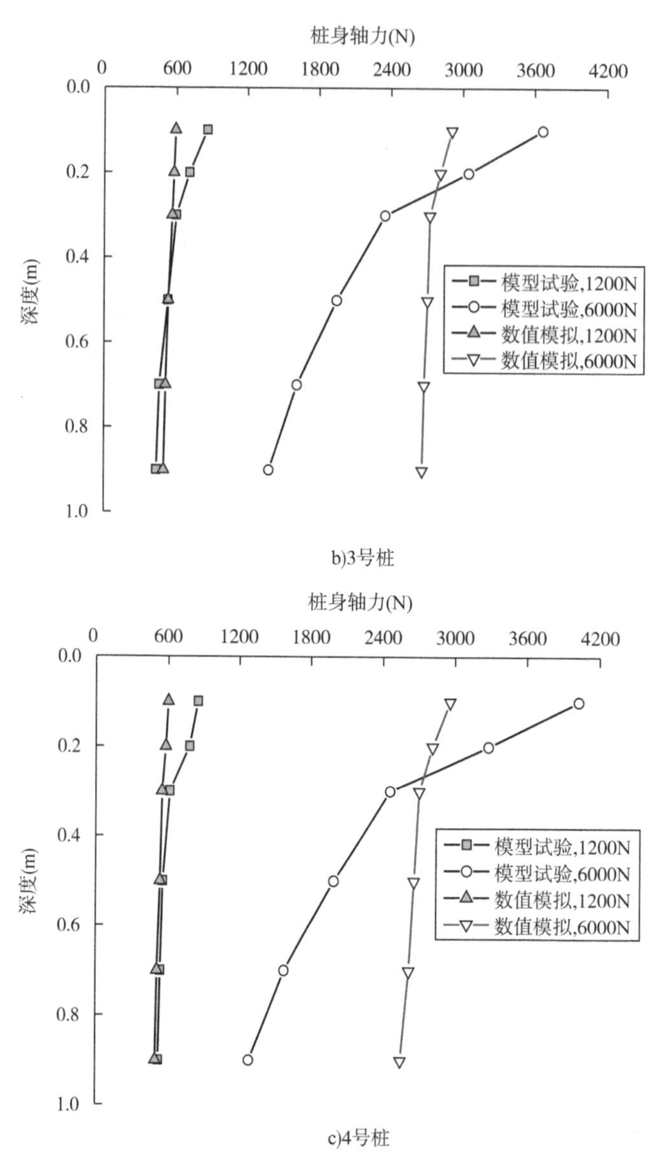

b)3号桩

c)4号桩

图 7-15　各组合管桩轴力曲线对比

由图 7-15 可知,模型试验与数值模拟所得各锥形-有孔柱形组合管桩的桩身轴力随深度变化的趋势大致一样,桩体锥形段轴力传递衰减速度快,柱形段轴力传递衰减速度慢。在加载前期,两试验的桩身轴力值非常接近;随着荷载增大,数值模拟的锥形段桩身轴力值小于模型试验,数值模拟的柱形段桩身轴力值大于模型试验。出现这种差异,主要是因为加载初期,模型试验与数值模拟的地基土体状态相似,随着荷载增大和时间推移,模型试验的地基土体发生改变,桩体所承受的荷载随之改变,桩身轴力也发生改变,而数值模拟中土体的物理性质不会发生改变,桩身轴力变化不大,所以会出现差异。

7.3.3　桩侧摩阻力分析

选取不同开孔方式、不同锥度大小的 1 号桩、3 号桩、4 号桩作为代表,对模型试验与数值模拟的桩侧摩阻力变化规律进行对比分析。选取1200N、6000N荷载作用下模型试验与数值模拟的桩侧摩阻力作为代表，桩侧摩阻力曲线对比图如图7-16所示。

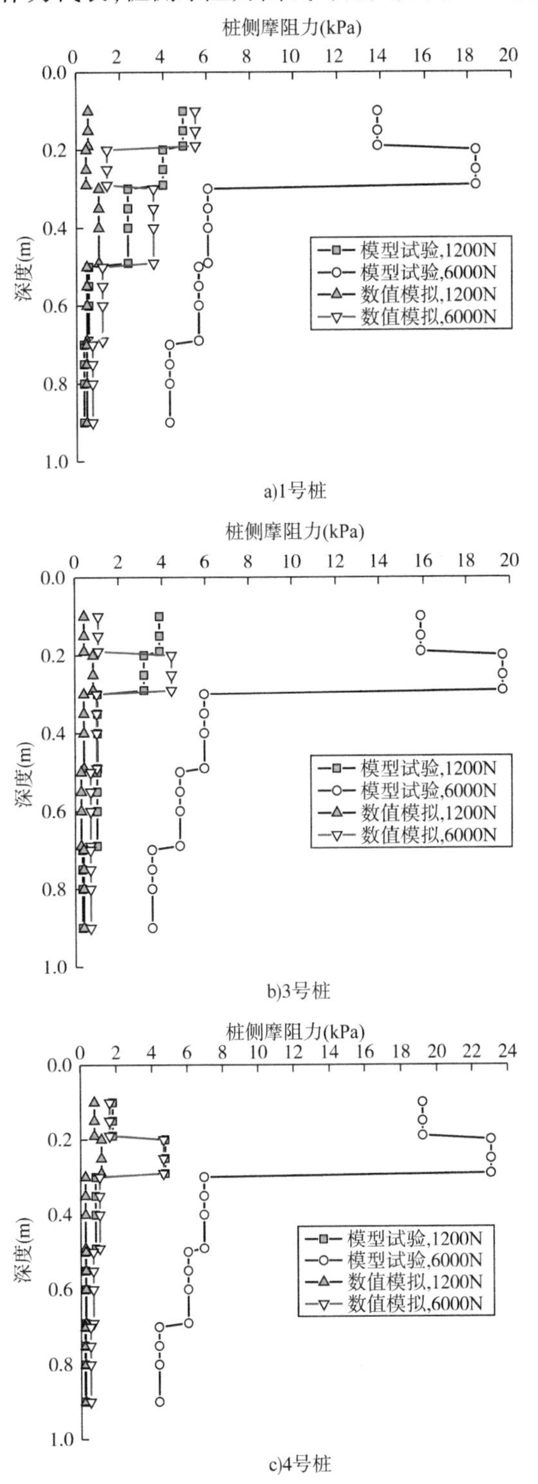

图7-16　各组合管桩侧摩阻力曲线对比

由图 7-16 可知,模型试验与数值模拟试验所得各锥形-有孔柱形组合管桩的桩侧摩阻力随深度变化的趋势大致一样,桩侧摩阻力沿深度呈先增大后减小的规律,桩侧摩阻力自上而下逐步发挥,最大值出现桩体锥形段。随着荷载提高和时间推移,桩侧摩阻力峰值随着荷载提高而增大。但在加载初期,数值模拟的桩侧摩阻力数值小于模型试验。出现这种差异,主要是因为加载初期,模型试验的地基土体发生改变,桩身轴力变化较大;计算出的桩侧摩阻力的数值较大;而在数值模拟中,土体物理状态不改变,桩身轴力变化较小,计算出的桩侧摩阻力较小,所以会出现差异。

7.3.4 桩周土体应力对比分析

选取不同开孔方式、不同锥度大小的 1 号桩、3 号桩、4 号桩作为代表,对模型试验与数值模拟试验的桩周土体应力变化规律进行对比分析。选取 6000N 荷载作用下模型试验与数值模拟的桩周土体应力作为代表,桩周土体应力曲线对比图如图 7-17 所示。

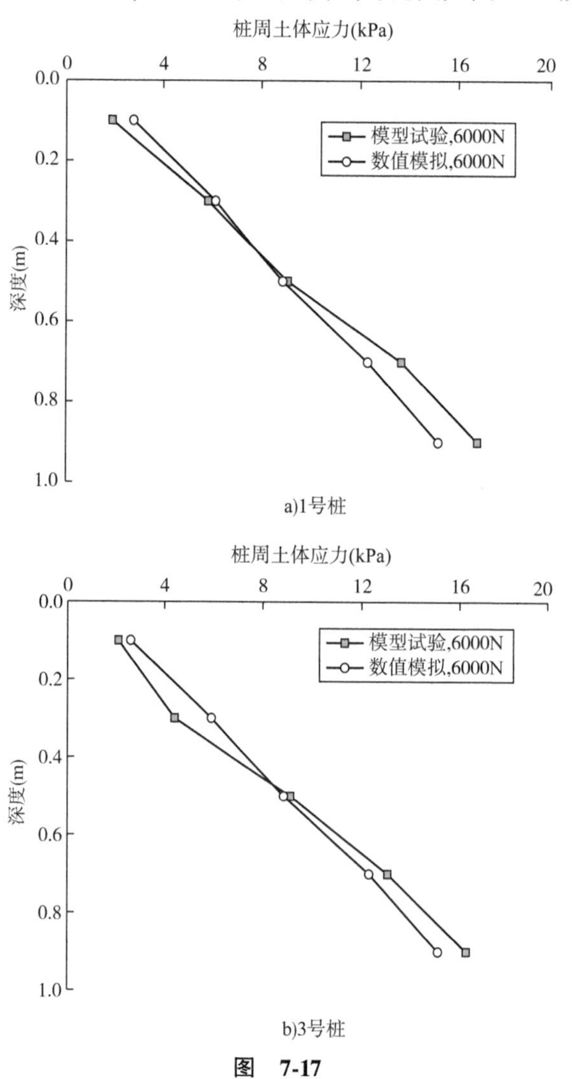

图 7-17

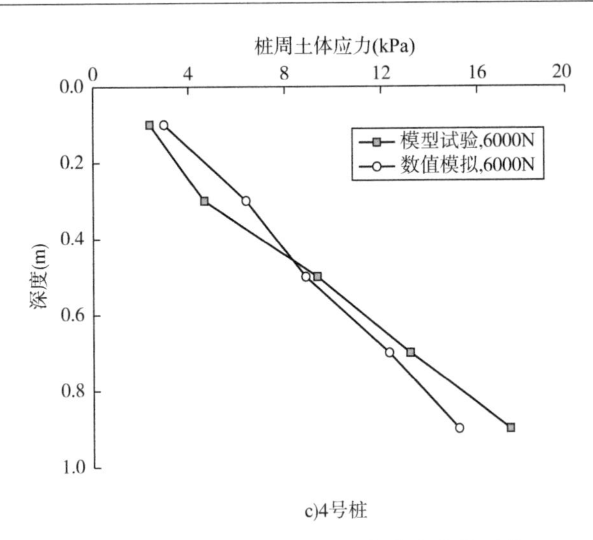

c)4号桩

图7-17　各组合管桩桩周土体应力曲线对比

由图7-17可知,模型试验与数值模拟试验所得各组合管桩的桩周土体应力随深度变化的趋势大致一样,土体应力沿深度方向逐渐增大。模型试验与数值模拟结果非常接近,1号桩、3号桩、4号桩在0.1~0.5m范围内模型试验所得桩周土体应力数值偏小,在0.5~0.9m范围内模型试验所得桩周土体应力数值偏大。这因为在施加静载荷过程中模型试验的地基土体发生改变,土体承担荷载的能力发生改变,而数值模拟中土体的物理性质不会发生改变,所以会存在一定的差异。

7.4　本章小结

以模型试验为背景,采用ABAQUS对锥形-有孔柱形组合管桩承载性状进行研究分析,数值模拟结果与模型试验规律较吻合。

①四根组合管桩的沉降变形随着荷载增大而不断增大,沉降曲线有明显的陡降点,这与模型试验的结果相似。地基土体模型的沉降云图呈漏斗状,上部沉降变形范围大,下部变形范围小,组合管桩模型的沉降变形呈上大下小的趋势。锥形-有孔柱形组合管桩沉降量随着锥度增大而不断减小,桩体侧表面与土体的接触面积增大,产生的压密区范围不断增大,桩-土协同作用的能力增强,地基土体整体的承载能力得到相应的提升,在控制沉降方面的能力增强。

②桩身轴力沿深度逐渐减小。随着荷载等级增大,同一测点处的轴力值也不断增大,桩身轴力在锥形段衰减速度不断加快,在柱形段衰减速度较慢。加载初期,在0.2~0.4m范围内的桩体应力高于其他部分,桩端处的应力值较小;随着荷载增大,同测点处的桩体应力逐渐增大,沿深度方向桩体应力逐渐减小。桩身轴力在锥形段内达到峰值。随着荷载等级增大,同一测点处的轴力值不断增大。桩身轴力在锥形段衰减速度较快,在柱形段衰减速度较慢。组合管桩的锥度增大,桩体所承受的荷载更多,桩体整体轴力值增大。

③桩侧摩阻力呈先增大后减小的规律，在0.2～0.3m范围内出现桩侧摩阻力峰值，桩侧摩阻力在锥形段的发挥较好。随着荷载增大和时间推移，桩体柱形段侧摩阻力逐渐增大，桩侧摩阻力自上而下逐步发挥作用。随着组合管桩的锥度增大，桩体在0.2～0.3m范围内的桩侧摩阻力峰值不断增大。

④桩周土体应力随深度增加而不断增大，同一测点处的土体应力随荷载等级增加而不断增大，在桩端位置土体应力取得最大值。4号锥形-有孔柱形组合管桩(锥度为1/60)的桩周土体应力峰值大于其他三根组合管桩。锥度越大，桩体对桩周土体产生的挤压密实作用更强，土体所受到的挤压应力越大，桩周土体承受的应力越大。

⑤对锥形-有孔柱形组合管桩荷载-沉降、桩身轴力、桩侧摩阻力、桩周土体应力等承载性状的模型试验与数值模拟的结果进行对比分析，分析结果显示两者之间虽然数值上有一定的差异，但规律是一致的。

参考文献

[1] JONES C J, LAWSON C R, AYRES D J. Geotextile reinforced piled embanklnellts[C]// Proceedings of 4th International Conference on Geotextiles: Geomembranes and Related Products. Rotterdam: Balkema, 1990, 155-160.

[2] HAN J, GABR M A. Numerical analysis of geosynthetic-reinforced and pile-supported earth platforms over soft soil[J]. Journal of Geotechnical and Geoenvironmental Engineering, ASCE, 2002, 128(1): 44-53.

[3] 雷金波,徐泽中,姜弘道,等.PTC 型控沉疏桩复合地基试验研究[J].岩土工程学报,2005,27(6):652-656.

[4] 李国维,边圣川,陆晓岑,等.软基路堤拓宽静压 PHC 管桩挤土效应现场试验[J].岩土力学,2013,34(4):1089-1096.

[5] 夏元友,芮瑞.刚性桩加固软土路堤竖向土拱效应的试验研究[J].岩土工程学报,2006,28(3):327-331.

[6] 高成雷,凌建明,杜浩,等.拓宽路堤下带帽刚性疏桩复合地基应力特性现场试验研究[J].岩石力学与工程学报,2008,27(2):354-361.

[7] 雷瑜,张震,孔庆哲.高速铁路路基工程 PHC 桩沉桩挤土效应研究[J].铁道工程学报,2010(9):9-15.

[8] 龚晓南,李向红.静力压桩挤土效应中的若干力学问题[J].工程力学,2000,17(4):7-12.

[9] 周乾,何山,吴发红,等.弱挤土效应桩的设计与试验[J].四川建筑科学研究,2011,37(5):103-106.

[10] 刘汉龙,金辉,丁选明,等.现浇 X 形混凝土桩沉桩挤土效应现场试验研究[J].岩土力学,2012,33(S2):219-224.

[11] 雷金波,陈超群,章学俊.一种用于深厚软基处理的 PTC 型带孔管桩:201020105398.2[P].2010-11-03.

[12] 雷金波.一种用于制造带孔管桩的桩模:201020107597.7[P].2010-02-03.

[13] 周星.竖向荷载下带帽有孔管桩复合地基承载特性试验研究[D].南昌:南昌航空大学,2016.

[14] 刘杰,何杰,闵长青.楔形桩与圆柱形桩复合地基承载性状对比研究[J].岩土力学,2010,31(7):2202-2206.

[15] HOUSEL W S, BURKEY J R. Investigation to determine the driving characteristics of piles in soft clay[C]//Proceedings of the 2nd International Conference on Soil Mechanics and

Foundations in Engineering,1948：146-154.

[16] RANDOLPH M F,STEENFELT J S,WROTH C P.The effect of pile type on design parameter for driven piles[C]//Proceedings of Seventh European Conference on Soil Mechanics and Foundations in Engineering,1979,29(2)：107-114.

[17] 李镜培,李雨浓,张述涛.成层地基中静压单桩挤土效应试验[J].同济大学学报(自然科学版),2011,39(6)：824-829.

[18] 饶平平,李镜培,崔纪飞.邻近斜坡静压沉桩挤土效应试验[J].中国公路学报,2014,27(3)：25-31.

[19] 张建新,赵建军,鹿群,等.静压群桩沉桩挤土效应模型试验[J].天津城市建设学院学报,2010,16(2)：85-90.

[20] 卢金岳.预应力混凝土管桩挤土效应引起土体位移分析[J].工程地质学报,2010,18(S1)：148-153.

[21] 周火垚,施建勇.饱和软黏土中足尺静压桩挤土效应试验研究[J].岩土力学,2009,30(11)：3291-3296.

[22] NAGGAR M H,QI W J.Uplift behaviour of tapered piles established from model tests[J].Canadian Geotechnical Journal,2000,37(1)：56-74.

[23] NAGGAR M H,MOHAMMED S.Evaluation of axial performance of tapered piles from centrifuge tests[J].Canadian Geotechnical Journal,2000,37(6)：1295-1308.

[24] MOHAMMED S,NAGGAR M H,MONCEF N.Load transfer of fiber-reinforced polymer (FRP) composite tapered piles in dense sand[J].Canadian Geotechnical Journal,2004,41(1)：70-95.

[25] NAGGAR M H,WEI J Q.Response of tapered piles subjected to lateral loading[J].Canadian Geotechnical Journal,1999,1(36)：46-52.

[26] 何杰,刘杰,张可能,等.夯实水泥土楔形桩复合地基承载特性试验研究[J].岩石力学与工程学报,2012,31(7)：1506-1512.

[27] 张可能,何杰,刘杰,等.静压楔形桩沉桩效应模型试验研究[J].中南大学学报(自然科学版),2012,43(2)：638-643.

[28] 曹兆虎,孔纲强,周航,等.基于透明土的静压楔形桩沉桩效应模型试验研究[J].岩土力学,2015,36(5)：1363-1368.

[29] 罗战友,王伟堂,刘薇.桩-土界面摩擦对静压桩挤土效应的影响分析[J].岩石力学与工程学报,2005,24(9)：3299-3305.

[30] 岳著文,李镜培,邓文艳,等.静压沉桩桩体受力全过程数值分析[J].岩土力学,2013,40(1)：53-57.

[31] 周健,徐建平,许朝阳.群桩挤土效应的数值模拟[J].同济大学学报,2000,28(6)：721-725.

[32] 雷华阳,吕乾乾,刘利霞.考虑超静孔隙水压力消散的管桩承载力时效性研究[J].工程地质学报,2012,20(5)：815-820.

[33] 陆培毅,刘雪晨,贾晓钢,等.管桩挤土效应的现场试验和有限元分析[J].四川建筑科学研究,2013,39(5):150-155.

[34] 赵健利,冯旭.基于薄层单元法的单桩挤土效应数值模拟[J].上海大学学报(自然科学版),2013,19(2):208-215.

[35] 赵明华,占鑫杰,邹新军.饱和软黏土中沉桩以及随后固结过程的数值模拟[J].湖南大学学报(自然科学版),2013,40(2):1-8.

[36] TAKE W A,WALSANGKAR A J.The elastic analysis of compressible tin-piles and pile groups[J].Geotechnique,2002,31(4):456-474.

[37] KURIAN N P,SRINIVAS M S.Studies on the behaviour of axially loaded tapered piles by the finite element method[J].Journal of the Soil Mechanics and Foundation Division, ASCE,1995,102(3):197-228.

[38] 王堹翔,刘杰,何杰,等.柔性基础楔形桩复合地基变形规律有限元分析[J].土工基础,2010,24(5):39-42.

[39] BUTTERFIELD R,BANERJEE P K.Application of electro-osmosis to soils[J].Civil Engineering Research Report,1968(2):709-715.

[40] VESIC A S.Expansion of cavities in infinite soil mass[J].Journal of the Soil Mechanics and Foundations Divison,ASCE,1972,98(3):265-290.

[41] RANDOLPH M F,CARTER J P,WROTH C P.Driven piles in clay—the effects of installation and subsequent consolidation[J].Geotechnique,1979,29(4):361-393.

[42] CARTER J P,BOOKER J R,YEUNG S K.Cavity expansion in cohesive frictional soils[J].Geotechnique,1986,36(3):349-353.

[43] 刘裕华,陈征宙,彭志军,等.应用圆孔柱扩张理论对预制管桩的挤土效应分析[J].岩土力学,2007,28(10):2167-2172.

[44] 高子坤,施建勇.饱和黏土中沉桩挤土形成超静孔压分布理论解答研究[J].岩土工程学报,2013,35(6):1109-1115.

[45] 陆培毅,杨志锋,付海峰,等.饱和软土中沉桩引起的超孔隙水压力分析[J].工业建筑,2012,42(S):416-419.

[46] 雷华阳,丁小冬,张万春.考虑软土结构性损伤的柱形孔扩张理论分析[J].岩土力学,2012,33(10):3059-3068.

[47] 韩同春,豆红强.柱孔扩张理论的空间轴对称解在沉桩挤土效应中的应用[J].岩石力学与工程学报,2012,31(S1):3209-3216.

[48] 王伟,宰金珉,王旭东.沉桩引起的三维超静孔隙水压力计算及其应用[J].岩土力学,2004,25(5):774-777.

[49] 李镜培,方睿,李林.考虑土体三维强度特性的静压桩周超孔隙水压力解析及演变[J].岩石力学与工程学报,2016,35(4):847-855.

[50] 张鹏远,白冰,蒋思晨,等.饱和黏土中球(柱)孔瞬时扩张及超孔隙水压力研究[J].应用基础与工程科学学报,2016,24(2):115-125.

[51] 马林,鲁子爱,李家华.沉桩过程土体超静孔隙水压力变化规律研究[J].科学技术与工程,2014,14(11):276-281.

[52] KODIKARA J K,MOORE I D.Axial response of tapered piles in cohesive frictional ground [J].Journal of Geotechnical and Geoenvironmental Engineering,1993,119(4):675-693.

[53] HESHAM M,NAGGAR M H.Evaluation of axial performance of tapered piles from centrifuge tests[J].Canadian Geotechnical Journal,2000,37(6):1295-1308.

[54] 孔纲强,周航.扩底楔形桩沉桩挤土效应理论分析[J].中国公路学报,2014,27(2):9-16.

[55] 王奎华,吴文兵,叶良,等.基于极限平衡理论的楔形桩承载力计算方法[J].建筑科学与工程学报,2009,26(4):108-113.

[56] 刘智.有孔管桩静压沉桩挤土效应试验研究[D].南昌航空大学,2014.

[57] 黄勇,王军,梅国雄.透水管桩加速超静孔压消散的单桩模型试验研究[J].岩土力学,2016,37(10):2893-2898.

[58] 周小鹏,梅国雄.考虑固结的透水管桩沉桩全过程有限元模拟[J].岩土力学,2014,35(S2):676-682.

[59] 乐腾胜,雷金波,周星,等.有孔管桩静压沉桩超孔隙水压力消散室内模型试验分析[J].工业建筑,2016,46(4):83-88.

[60] 易飞,雷金波,何利军,等.有孔管桩超孔隙水压力的数值模拟分析[J].南昌航空大学学报(自然科学版),2015,29(1):72-76.

[61] 雷金波,万梦华,易飞,等.有孔管桩静压沉桩超孔隙水压力消散分析[J].工业建筑,2016,46(11):111-117.

[62] 王伟,聂庆科,王英辉,等.多桩复合地基承载特性的现场试验研究[J].土木工程学报,2015,48(S1):196-200.

[63] 郭帅杰,宋绪国,罗强,等.基于荷载传递理论的刚性桩复合地基沉降计算[J].铁道工程学报,2015,32(10):44-50.

[64] 赵阳,陈昌富,王纯子.基于统一强度理论带帽刚性桩承载力上限分析[J].岩土力学,2016,37(6):1649-1656.

[65] LIU M Q,HUANG D,SONG Y X,et al.Numerical and theoretical study on the settlement of capped piles composite foundation under embankment[J].Advances in Civil Engineering,2020(3):1-11.

[66] MIN Y W.Numerical calculation and analysis of parameters of collapsible loess treatment on composite foundation based on FLAD3D[J].IOP Conference Series: Earth and Environmental Science,2020,546(4):042033.

[67] WANG G H,CHEN W H,NIE Q K,et al.Behavior of composite foundations reinforced with rigid columns[J].Journal of Transportation Engineering,Part B: Pavements,2019,145(4):04019032.

[68] LANG R Q,YANG A W.A quasi-equal strain solution for the consolidation of a rigid pile

composite foundation under embankment loading condition [J]. Computers and Geotechnics, 2020, 117: 103232.

[69] WEI L, ZHAO Z H. Numerical analysis of bearing characteristics of composite foundation with variable diameter rigid pile [J]. IOP Conference Series: Earth and Environmental Science, 2020, 525(1): 012073.

[70] GE J K, ZHOU Z D, TIAN X J, et al. Theoretical solution for consolidation settlement of pile-net composite foundation under embankment load [J]. International Journal of Geosynthetics and Ground Engineering, 2020, 6(3): 333-347.

[71] 郑刚,周海祚.复合地基极限承载力与稳定研究进展[J].天津大学学报(自然科学与工程技术版),2020,53(7):661-673.

[72] 杨光华,徐传堡,李志云,等.软土地基刚性桩复合地基沉降计算的简化方法[J].岩土工程学报,2017,39(S2):21-24.

[73] 李连祥,黄佳佳,成晓阳,等.刚性桩复合地基与临近基坑支护结构相互影响的离心模型试验[J].岩石力学与工程学报,2017,36(S2):4142-4150.

[74] 刘吉福,郑刚.单桩承载力对刚性桩复合地基路堤稳定性的影响[J].岩土工程学报,2019,41(11):1992-1999.

[75] 陈昌富,赵湘龙,吴燕泉.基于滑块位移法大桩帽刚性短桩荷载传递特性分析[J].岩土力学,2017,38(12):3410-3418.

[76] 李金良,邢宇铖,崔伟,等.竖向荷载作用下岩溶区单桩承载特性研究[J].济南大学学报(自然科学版),2020,34(4):417-422.

[77] 王国才,束炜,赵志明,等.竖向荷载作用下螺纹群桩承载特性和群桩效应研究[J].浙江工业大学学报,2022,50(3):290-298.

[78] 魏纲,王新,崔允亮,等.大直径变截面钢管复合桩竖向承载性能研究[J].防灾减灾工程学报,2021,41(01):46-54.

[79] 张明远,王成,钱建固.竖向荷载下膨胀土桩基承载室内模型试验[J].岩土工程学报,2019,41(S2):73-76.

[80] 邱明国,李海山,王珂,等.冻土中桩破坏模式的试验研究[J].哈尔滨建筑大学学报,1999(5):3-5.

[81] 陈庆武.锥形变截面桩的轴向承载机理[D].哈尔滨工业大学,2009.

[82] 何杰,刘杰,张可能,等.夯实水泥土楔形桩复合地基承载特性试验研究[J].岩石力学与工程学报,2012,31(7):1506-1512.

[83] 刘杰,何杰,闵长青.夯实水泥土楔形桩复合地基中桩的合理楔角范围研究[J].土木工程学报,2010,43(6):122-127.

[84] 杨贵,孔纲强,曹兆虎,等.楔形桩和等截面桩沉桩施工过程数值模拟对比分析[J].铁道科学与工程学报,2016,13(1):40-45.

[85] 顾红伟,孔纲强,车平,等.楔形桩与等直径桩承载特性对比模型试验研究[J].中南大学学报(自然科学版),2017,48(6):1600-1606.

[86] KONG G Q,ZHOU L D,PENG H F,et al.Reduction rate of dragload and downdrag of piles by taper angles[J].Transactions of Tianjin University,2016,22(5): 434-440.
[87] 李镜培,陈浩华,李林,等.楔形单桩与群桩非线性荷载-沉降曲线计算方法[J].哈尔滨工业大学学报,2017,49(12): 102-109.
[88] 赵明华,徐泽宇,张承富.带锥形桩帽复合地基桩土应力比计算及其数值模拟[J].湖南大学学报(自然科学版),2020,47(3): 1-10.
[89] SINGH S,PATRA N R.Behaviour of tapered piles subjected to lateral harmonic loading [J].Innovative Infrastructure Solutions,2019,4(1): 26.
[90] GAO L,WANG K H,XIAO S,et al.Vertical impedance of tapered piles considering the vertical reaction of surrounding soil and construction disturbance[J].Marine Georesources & Geotechnology,2017,35(8): 1068-1076.
[91] 陈科林,雷金波.有孔管桩开孔应力集中系数试验研究[J].岩土力学,2015,36(4): 1078-1084.
[92] 黄小波,雷金波,陈科林,等.有孔管桩极限承载力试验[J].南昌航空大学学报(自然科学版),2014,28(3): 83-87.
[93] 杨康,雷金波,柳俊,等.有孔锥-柱管桩应力集中系数数值分析[J].南昌航空大学学报(自然科学版),2016,30(3): 77-85.
[94] 乐腾胜,雷金波,周星,等.有孔管桩单桩承载性状试验及分析[J].岩土力学,2016,37(S2): 415-420.
[95] 乐腾胜,柯宅邦,雷金波,等.有孔管桩单桩承载性状有限元分析[J].北京交通大学学报,2018,42(6): 32-40.
[96] 雷金波,杨康,周星,等.带帽有孔管桩复合地基桩土应力比试验研究[J].岩石力学与工程学报,2017,36(S1): 3607-3617.
[97] 雷金波,杨金尤,李壮状,等.带帽有孔管桩复合地基承载力模型试验研究[J].建筑结构学报,2018,39(11): 166-174.
[98] 杨金尤,雷金波,万梦华,等.带帽有孔管桩复合地基荷载传递特性分析[J].建筑结构,2019,49(21): 53,129-134.
[99] 万梦华.有孔管桩群桩静压沉桩超孔隙水压力变化规律影响因素分析[D].南昌航空大学,2018.
[100] 徐永福,傅德明.结构性软土中打桩引起的超孔隙水压力[J].岩土力学,2000,21(1): 52-55.
[101] 龚晓南.土塑性力学[M].杭州: 浙江大学出版社,1999: 251-271.